KB125330

한 권으로 이해하는

미적분

한 권으로 이해하는
미적분

ⓒ 후카가와 야스히사, 2013

초판 1쇄 인쇄일 2021년 4월 20일
초판 1쇄 발행일 2021년 4월 30일

원서감수 후카가와 야스히사
옮긴이 원형원   감수 오혜정
펴낸이 김지영   펴낸곳 지브레인^{Gbrain}
편집 김현주
마케팅 조명구   제작 · 관리 김동영

출판등록 2001년 7월 3일 제2005-000022호
주소 04021 서울시 마포구 월드컵로7길 88 2층
전화 (02)2648-7224   팩스 (02)2654-7696

ISBN 978-89-5979-664-9 (03410)

- 책값은 뒤표지에 있습니다.
- 잘못된 책은 교환해 드립니다.

한 권으로 이해하는
미적분

후카가와 야스히사 원서감수   원형원 옮김   오혜정 감수

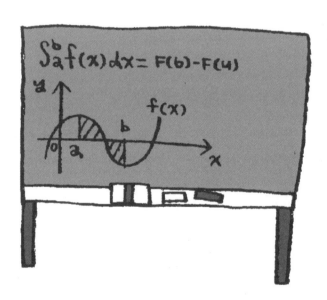

지브레인

머리말

　아주 기초적인 내용부터 매우 전문적인 내용까지 미분·적분에 관한 도서는 매우 다양하다. 그럼에도 새롭게 미분·적분을 소개하는 것은 '애당초 미분·적분이란 무엇인가?'라는 '궁금증'에 대한 해답과 머릿속에 이미지를 떠올려 조금이라도 더 잘 이해할 수 있기를 바라는 마음에서이다.

　예를 들어 다음과 같은 광경을 상상해보자.

　여러분이 평소 다니는 길가에 여러분의 키보다 약간 높은 담이 있다. 그 안에는 '미적분'이 살고 있으며 여러분은 이 '미적분'에 대해 대강은 알고 있지만 좀 더 자세히 알고 싶다고 생각했던 터였다. 그래서 어느 날 근처에 있던 발판(《한 권으로 이해하는 미적분》)을 이용해 안을 들여다보았다. 그러자 일부이기는 하지만 울타리 안의 미적분을 볼 수 있었다. 이를 계기로 '미적분'의 즐거움과 위대함을 점점 더 실감하게 되었다. 이는 여러분이 미적분을 앎으로써 겪게 될 다양한 세상(물리, 음악, 건축 등) 즉 다음 단계로 발전하는 계기가 된다. 상상만으로도 폭넓은 선택이 가능한 미래가 보여 즐겁지 않은가! 이러한 즐거움이 여러분에게 일어나기를 바라며 이 책이 그 열쇠가 되었으면 한다.

《한 권으로 이해하는 미적분》제1장에서는 수식 등을 거의 사용하지 않고 우선 미적분 전체를 가볍게 파악해 친숙해질 수 있도록 이미지로 보여주거나 그 역사를 거슬러 올라가본다. 제2장부터는 수학의 기초부터 미적분의 기초까지를 알기 쉽게 설명한다.

《한 권으로 이해하는 미적분》은 복잡한 계산법을 익히는 것보다 미적분의 개념과 의미를 이해하는 데 집중하고 있다('무엇을 무엇으로 미분하면 무엇이 구해지는가?' 등). 이를 위해 왼쪽 페이지에 본문을, 오른쪽 페이지에 그림을 배치해 바로 이해할 수 있도록 했다. 또한 미적분 초보자가 막히기 쉬운 수식의 의미부터 기본 계산까지 알기 쉽도록 일러스트를 통해 설명했다.

아트 서플라이의 나카시마 요이치 씨를 비롯한 집필진의 저작물에 감수자로 참여하면서 이 책의 수많은 장점에 더해 Mastu^{마쓰모토 나오코} 씨의 정감 있는 일러스트까지 쉽고 재미있게 구성되어 있는 만큼, 많은 사람들에게 도움이 될 것을 기대한다.

후카가와 야스히사 深川和久

1 그림으로 이해하는 미분·적분   13

2 미분·적분 쉽게 이해하기 위해 알아야 할 것! 43

3 알고 나면 쉬운 미분 77

4 알고 나면 쉬운 적분   121

5 미분·적분 더 쉽게 이해하자   169

미분·적분 중요 공식 209

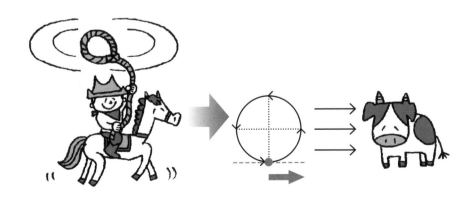

수식은 가라!

그림으로 이해하는
미분 · 적분

어렵다고 오해받는 미분·적분

왜 어렵다는 오해를 받는 걸까?

미분·적분이 어렵다는 편견을 버리자

미분·적분은 수학을 배우는 과정에서 가장 큰 고비이다. 난해한 기호에 계산은 복잡한데다 애당초 그 개념부터 어렵다고 생각하는 사람이 많다.

그러나 이것은 큰 오해이다. 미분·적분은 그렇게 어렵지 않다. 한 문장으로 정리하면 '순간의 변화량을 구하는 것=미분', '전체량을 구하는 것=적분'이다. 생각보다 간단하지 않은가? 알 듯 말 듯한 사람이라도 뒤에서 자세히 설명할 예정이니 우선 이것만 확실히 기억해두자. 그리고 대체 왜 '미분·적분은 어렵다'라는 오해가 생겨난 것인지 확인해보자.

그 이유 중 하나는 학교에서 가르치는 문제나 계산 방법이 복잡하기 때문이다. 특히 대학입시 문제 등은 극단적으로 말해서 우열을 가리는 것이 목적이기 때문에, 문제를 어렵게 만들 필요가 있다. 따라서 목적의 본질보다 복잡하게 만든 수단 및 계산술을 우선적으로 가르쳐서 어렵고 특이한 문제가 주를 이룬다.

또 보통, 학교에서는 '미분 → 적분'의 순서로 배우는데 계산이 단순한 미분부터 시작하는 것이 효율적이기 때문이다.

그러나 사실 이해하기에는 적분이 더 쉽다. 수학의 역사를 보아도 미분보다 적분이 먼저 생겨났다. 따라서 이번 장에서는 '적분→미분'의 순서로 설명하고 있다. 수학의 독특한 수식이나 증명 등 딱딱하고 왠지 모를 거리감이 드는 부분은 제쳐두고, 우선 큰 그림을 전체적으로 파악해 이해를 극대화하는 것도 목표이다. 여러분은 이 책을 따라가다 보면 미분·적분이 매우 심오하면서도 재미있는 개념이라는 사실을 알게 될 것이다.

미분·적분에 관한 오해

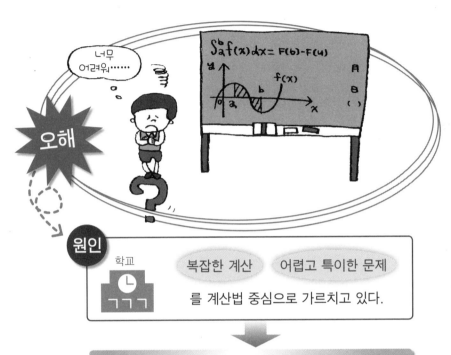

$$\int_{a}^{b} f(x)\,dx = F(b) - F(a)$$

오해

원인

학교

복잡한 계산   어려고 특이한 문제

를 계산법 중심으로 가르치고 있다.

사실은 어렵지 않고 재미있다!

적분이 먼저 탄생했다

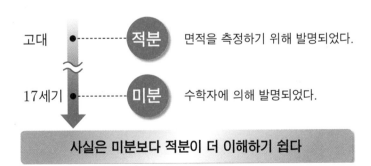

고대 ●‑‑‑‑‑ **적분**   면적을 측정하기 위해 발명되었다.

17세기 ●‑‑‑‑‑ **미분**   수학자에 의해 발명되었다.

사실은 미분보다 적분이 더 이해하기 쉽다

3분 만에 적분의 원리 깨닫기

덧셈으로 전체량을 구하는 위대한 계산법

적분과 비슷한 플립북

적분은 한마디로 '전체량을 구하는 것'이다. 좀 더 구체적으로 말하면 구불구불 변화하고 있는 것에 대해 조금씩 덧셈을 반복하여 전체량을 구하는 최고의 계산 법이다.

혹시 학교 수업이 지루해서 교과서 귀퉁이에 연속적인 그림을 그려본 적이 있는가? 페이지마다 아주 조금씩 변화하는 그림을 그려 넣고 빠르게 넘기면 움직이는 것처럼 보이는 플립북^{flip book} 놀이 말이다. 만약 해본 적이 있다면 당신은 자신도 모르게 적분을 실천했던 것이다.

예를 들어 컵에 우유를 따르는 플립북을 만들기 위해서는 뒤, 또는 앞으로 갈수록 컵 속의 우유가 조금씩 늘어나는 그림을 그릴 것이다. 그리고 마지막 쪽에는 우유가 가득 찬 컵을 그린다. 이렇게 여러 장의 그림을 차례차례 모아서 책 한 권으로 우유를 한 잔 따르는 모습을 표현할 수 있다. 이는 우유를 따르는 움직임을 구하기 위해 각 쪽의 그림을 더한, 즉 '한 장 한 장의 그림으로 책 한 권을 적분했다'고 할 수 있다.

사각형의 면적은 '세로의 길이' × '가로의 길이', 상자의 부피는 여기에 '높이'를 곱하면 구해진다. 그러나 구불구불한 호수의 면적이나 복잡한 모양을 하고 있는 물체의 부피 등은 좀처럼 값을 구하기 힘들다. 하지만 이러한 물체들의 전체량도 적분을 이용하면 구할 수 있다.

적분을 이용해 구하려는 값이 다루기 쉬워지면 이후부터는 덧셈으로 전체량을 구할 수 있다.

사실 적분은 계산이 복잡해 다소 귀찮은 경우가 많지만 최근에는 엄청난 계산 능력을 지닌 컴퓨터가 있기 때문에 손쉽게 구할 수 있게 되었다.

플립북을 통해 적분의 원리를 이해한다

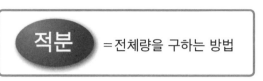

적분 = 전체량을 구하는 방법

플립북은 사실 적분이었다!?

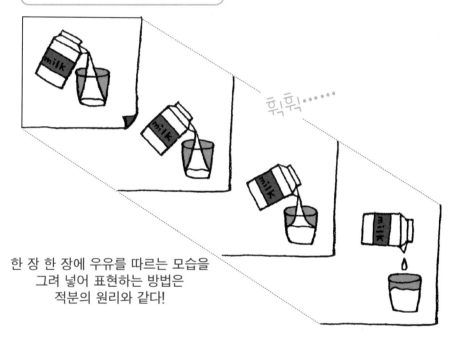

휙휙……

한 장 한 장에 우유를 따르는 모습을
그려 넣어 표현하는 방법은
적분의 원리와 같다!

적분으로 구할 수 있는 전체량

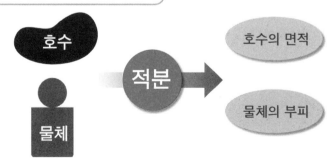

호수 → 적분 → 호수의 면적

물체 → 물체의 부피

3분 만에 적분을 이해한다

무엇을 무엇으로 적분하면 무엇이 구해질까?

적분의 3요소

앞서 '덧셈으로 전체량을 구하는 것'이 적분이라고 했지만, 도대체 무엇을 더해야 무엇의 전체량이 구해지는 것인지 감이 안 잡히는 사람도 있을 것이다. 적분의 요소는 세 가지, 'A를 B로 적분하면 C가 구해지는 것'이다. 이 A와 B가 '잘' 정해지면 유의미한 C를 구할 수 있다.

앞쪽에서 설명한 플립북을 예로 들어보자. A '교과서 귀퉁이에 그린 그림'을 B '그림이 그려진 쪽'으로 적분하면 C '우유를 따르는 모습'이 구해진다. 그러나 이는 어디까지나 적분의 이미지를 연상하려는 접근이므로 잘 와닿지 않을지도 모르겠다. 수학적으로 생각할 수 있는 다른 예도 살펴보자. C '호수의 면적'을 구하기 위해서는 A '세로 길이'을 B '가로 길이'로 적분하게 된다. 이때 다음과 같은 의문이 생길 것이다.

호수는 구불구불하게 생겼는데 세로는 어디를 말하는 것인가? 세로와 가로가 뒤바뀌면 안 되나?

앞서 '잘'이라고 설명한 것은 바로 이 부분 때문이다.

'A를 B로 적분'한다는 것은 구체적인 계산으로 설명하면 호수를 같은 방향으로 잘게 쪼갠 다음 A '각 조각의 세로 길이'×B '매우 짧은 가로 길이'를 반복적으로 더한 것이다. 즉 A와 B를 곱해 의미가 있을 때, 가치 있는 C의 값이 구해지는 것이다. 이 경우에는 세로를 어디로 취하든지 그 수직 방향을 가로로 취하면 된다. 정확한 C '호수의 면적'을 구하기 위해서 B는 오른쪽 그림과 같이 잘게 쪼갠 각 조각의 폭으로 정한다. 사실 이것이 적분의 또 하나의 포인트이다(자세한 내용은 4장에서 설명). 이와 마찬가지로 C '물체의 부피'를 구하기 위해서는 A '단면이 둥근 물체의 단면적'을 B '높이'로 적분한다.

적분의 요소를 이해한다

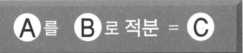

Ⓐ를 **Ⓑ**로 적분 = **Ⓒ**

플립북의 경우

교과서 귀퉁이에 그린 그림을 그림이 그려진 쪽으로 적분
<u>   Ⓐ   Ⓑ</u>

= **우유를 따르는 모습**
             Ⓒ

구불구불한 형태의 호수 면적의 경우

세로 길이를 가로 길이로 적분 = **호수의 면적**
  Ⓐ   Ⓑ   Ⓒ

물체의 부피

단면이 둥근 물체의 면적을 높이로 적분=**물체의 부피**
        Ⓐ   Ⓑ   Ⓒ

3분 만에 미분 이미지 연상하기

미분은 한순간의 움직임을 포착하는 위대한 계산법

카메라 셔터로 '한순간'을 포착한다!

미분은 '순간의 변화량을 구하는' 방법이므로 먼저 순간의 변화량이란 무엇인가를 이해해야 한다. 예전에는 찰나의 순간을 머릿속으로만 떠올릴 수 있었으므로 그 이미지를 파악하기 힘들었다. 그러나 문명이 발달한 오늘날에는 이에 딱 맞는 것이 있다. 바로 사진이다.

열심히 손을 흔드는 친구를 향해서 카메라 셔터를 누르면 그 찰나의 순간을 포착할 수 있다. 사진을 보면 '약간 바보 같은 표정을 짓고 팔이 떨어질 듯 열심히 손을 흔들고 있는' 등의 사실을 알 수 있을지도 모른다. 이처럼 우리 눈에 비치는 끊임없는 광경 중 한순간을 사진으로 포착하는 행위는 미분에서 순간을 포착하는 것과 같은 원리이다.

전철이 정차할 때의 흔들림으로 '움직임'을 느낀다

'순간'을 포착할 때 '매우 짧은 시간' 외에 또 중요한 부분이 있다. 바로 순간의 '변화량'이다.

이는 전철이 정차할 때의 흔들림을 떠올리면 금방 이해할 수 있다. 전철은 승강장 출입구 선에 딱 맞춰서 멈추지만, 서서히 부드럽게 감속하면서 정차하는 전철이 있는가 하면 승객들이 휘청거릴 만큼 흔들림이 심한 급정거 전철도 있다. 이렇게 정차 직전에 느끼는 '움직임'이 순간의 변화량이다. 그리고 이 두 상황처럼 '한 순간'의 '움직임'을 포착하는 것이 바로 미분이다.

사진 촬영과 전철로 원리를 파악한다

미분 = 순간의 변화량을 구한다

카메라 셔터를 누르는 경우

셔터를 누른다

찰칵

사진이 포착하는 '한순간'이 바로 미분이다!

전철이 정차하는 경우

급정차

전철 정차 시 느끼는 '흔들림'이 바로 미분이다!

미분이란 '한순간'의 '변화량'을 포착하는 것

3분 만에 미분 이해하기

무엇을 무엇으로 미분하면 무엇이 구해질까?

미분의 3요소

미분의 '순간의 변화량을 구한다', 즉 한순간의 움직임을 구한다는 개념은 이해되었는가? 미분에서도 'A를 B로 미분하면 C가 구해진다'는 세 가지 요소가 있다. 사진의 예에서는 A '크게 손을 흔드는 친구'를 B '시간(셔터를 누르는 타이밍)'으로 미분하면 C '손을 흔드는 순간 친구의 모습'이 사진에 찍힌다. 전철의 예에서는 A '정차하는 전철의 속도'를 B '시간'으로 미분하면 C '몸이 느끼는 정차 시의 움직임'이 구해진다.

위의 두 가지 예에서 B는 모두 시간이다. 미분한다는 것은 한 점에서의 변화량을 구하는 것인데 우리 일상생활에서 이미지화하기 쉬운 것 중 B는 대부분 시간에 해당한다.

시간 외 다른 것으로 미분하기

시간을 제외한 미분의 예로 물의 무게를 살펴보자. A '물의 무게'를 B '물의 부피'로 미분하면 무엇이 구해질까? 물의 부피가 늘어나면 늘어날수록 그 무게도 증가한다. '순간의 변화량', 즉 이 경우에는 부피당 물의 무게가 얼마나 변화하는지를 구하는 것이다. 따라서 정답은 C '물의 밀도'이며 밀도는 단위부피당 무게를 말한다. 참고로 물의 무게와 부피의 관계를 그래프로 나타내면 오른쪽 그림과 같다. 혹시 어렵다고 생각될지라도 너무 걱정하지 않아도 된다. 뒤에서 또 설명하겠지만 미분이 적분보다 개념을 파악하기 어렵다는 사실은 수학의 역사가 증명하고 있기 때문이다.

미분의 요소를 이해한다

카메라의 경우

미분의 개념
파악이 쉽다

크게 손을 흔드는 친구를 시간으로 미분
　　　Ⓐ　　　　　　　Ⓑ
= 손을 흔드는 순간의 친구 모습
　　　　　　Ⓒ

전철의 경우

미분의 개념
파악이 쉽다

정차하는 전철의 속도를 시간으로 미분
　　　　Ⓐ　　　　　　Ⓑ
= 정차할 때 몸이 느끼는 움직임
　　　　　　Ⓒ

물의 무게와 부피의 경우

물의 무게를 물의 부피로 미분=**물의 밀도**
　Ⓐ　　　　　Ⓑ　　　　　Ⓒ

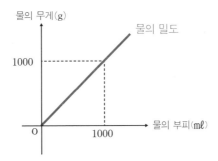

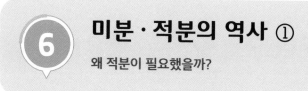

미분·적분의 역사 ①

왜 적분이 필요했을까?

적분의 발상은 홍수 복구 과정에서 이루어졌다

미분·적분은 어떻게 시작되었을까? 역사를 살펴보면 먼 옛날부터 다양한 상황에서 미분·적분이 필요해 학문으로 발달하게 되었음을 확인할 수 있다.

미분과 적분 중 역사에 먼저 등장한 것은 적분으로, 그 기원은 3000년 전 고대 이집트까지 거슬러 올라간다. 거대한 나일강 유역에서는 큰 비가 내릴 때마다 강물이 범람하여 대홍수가 발생했다. 그때마다 상류의 기름진 토사가 떠 내려와 사막지대에 귀중한 녹지가 조성되어 이를 토대로 문명이 발달하게 된 것이다.

그러나 대홍수 후에는 강의 흐름과 토지의 형태가 완전히 변해 토지의 주인들은 달라진 지형에 맞춰 다시 공평하게 토지를 분배해야 했다.

따라서 구불구불한 형태의 토지라도 곡선으로 둘러싸인 면적을 정확히 계산할 방법을 궁리하게 된 것이다.

고대 이집트인들이 고안한 착출법

고대 이집트인들은 밧줄로 길이를 재서 토지의 면적을 계산했다. 그들은 오른쪽 그림과 같이 간단하게 면적을 구할 수 있는 직사각형 등의 도형을 빈 공간에 끼워 맞춰나갔다. 이처럼 도형을 세밀하게 끼워 맞춤으로써 실제 면적에 가까워지는 면적 계산법을 착출법 method of exhaustion이라 한다. 이 방법은 수학으로 다듬어지면서 훗날 적분으로 발전하게 되었다.

곡선으로 둘러싸인 면적을 구했던 고대 이집트인들

홍수로 인해 형태가 변한 나일강

홍수가 발생할 때마다 토지를 공평하게 분배해야만 했다.

형태가 변한 토지의 복잡한 면적을
정확하게 측정하려 했다

착출법

쉽게 면적을 구할 수 있는 도형 형태를 기준으로
그림처러 빈틈에 채워나간다.

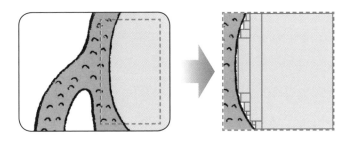

복잡한 면적을 계산하려는 노력이
적분으로 발전했다

미분 · 적분의 역사 ②
미분·적분학 발견의 공로자 - 뉴턴

17세기에 들어서야 학문으로 자리잡은 미분 · 적분

적분은 고대 이집트에서 그 기초가 닦인 후, 고대 그리스의 수학자 아르키메데스에 의해 더욱 발전했다. 그러나 미분과 적분의 관계는 오랫동안 밝혀지지 않았다. 지금은 적분과 짝꿍처럼 언급되는 미분이지만 발견되기까지 오랜 세월이 걸렸기 때문이다. 결국 17세기에 들어서야 유럽의 두 천재에 의해 발견된 미 · 적분학은 비로소 어엿한 학문으로 꽃을 피운다.

20대에 미분 · 적분을 발명한 뉴턴

두 천재 중 한 사람은 모두가 잘 아는 아이작 뉴턴이다. 만유인력의 법칙 발견자로 널리 알려진 뉴턴은 물리학의 운동법칙을 발전시켜 유율법^{fluxions}이라는 미분 · 적분의 개념을 발견했다. 그는 물체가 포물선 등의 곡선을 그리며 운동하는 사실에 주목한 것이다.

유율법은 오늘날 우리가 배우는 미분 · 적분과는 기호 및 개념이 좀 다르고 내용도 상당히 어렵다. 뉴턴은 이 유율법을 20대에 발견했지만 논문 발표에 신중을 기해 40대가 되고 나서야 세상에 공개했다. 그리고 이것이 불씨가 되어 또 한 사람의 천재인 라이프니츠와 큰 갈등을 빚게 된다.

한편 뉴턴의 친구였던 핼리는 주기적으로 나타나는 핼리혜성을 발견해 유명해졌는데 뉴턴의 이론을 응용하여 핼리혜성의 주기를 계산하고 이후 이 혜성이 또다시 나타날 것을 예언했다.

뉴턴의 업적

물리학에서
유율법(미분·적분)
발견!

만유인력의
법칙

광 스펙트럼
분석

아이작 뉴턴(1642~1727)

영국 출생. 철학자·수학자·물리학자. 고전역학의 기초를 다지고 중력을 발견
했다. 한편 나무에서 떨어지는 사과를 보고 만유인력의 법칙을 떠올리게 되었
다는 일화는 꾸며진 이야기이다.

유율법

물리학에서 발견된 미적분법으로,

 등의 기호를 사용하는 다소 어려운 개념이다.

핼리혜성의 발견

핼리는 친구인 뉴턴의 이론을 이용해 한 혜성이 약
76년의 주기로 지구에 접근한다는 사실을 예언했
다. 그가 세상을 떠난 뒤 예언은 적중해 예언한 날
혜성이 출현했다.

미분 · 적분의 역사 ③

미분·적분학 발견의 공로자 - 라이프니츠

또 한 명의 천재, 라이프니츠

고트프리트 라이프니츠는 뉴턴과 같은 시기에 합과 차의 개념에서 미적분법을 발견했다. 라이프니츠는 학자일 뿐만 아니라 외교관 · 기술자 · 베를린과학아카데미의 창립자 등 다양한 분야에서 재능을 발휘한 팔방미인이었다.

라이프니츠가 세계 최초로 미적분학을 발표한 것은 틀림없는 사실이지만 뉴턴은 그보다 10년 앞서 발견했기 때문에, 발표와 발견의 순서가 어긋나게 되었다. 이런 복잡한 사정 탓에 라이프니츠가 뉴턴의 아이디어를 훔쳤다는 비판을 받는 등 두 사람의 갈등은 라이프니츠가 죽기 전까지 이어졌다. 하지만 미적분학 접근 방식이 서로 달라 오늘날에는 각자 독자적으로 연구해 발견한 사실이 인정되고 있다.

수많은 수학자들에 의해 발전한 미적분학

현재 우리들이 배우고 있는 미분 기호 '$\frac{dy}{dx}$' 및 적분기호인 인티그럴 '$\int$'도 라이프니츠가 고안해낸 것이다. 라이프니츠는 일생 동안 다양한 수학적 논리의 기호화에 힘썼다.

이후 조제프 라그랑주('y''' 등의 기호를 고안)나 레온하르트 오일러 등의 연구로 미적분은 학문으로 자리잡아 발전했다.

이집트에서 싹튼 미적분학은 긴 세월 잠들어 있다가 드디어 17세기에 눈을 뜬 것이다. 그 뒤 약 100년 간 미적분학은 일반인들도 쉽게 이해할 수 있도록, 또한 다양한 학문에서 응용할 수 있도록 발전했다.

라이프니츠의 업적

합과 차의 개념에서
미적분법을 발견

기호 논리학의
창시자

베를린과학아카데미의
창립자

고트프리트 라이프니츠(1646~1716)

독일 출생. 철학자 · 수학자 · 과학자이자 정치가 및 외교관으로서도 능력을 발휘했다.

라이프니츠가 고안한 기호

$$\frac{dy}{dx}$$ ➡ y를 x로 미분한
사실을 나타낸다.

인티그럴
$$\int$$ ➡ 인티그럴이 붙으면
적분한 사실을 나타
낸다.

라그랑주가 고안한 기호

대시
$$y' f'(x)$$ ➡ 대시^{dash}를 붙이면 미분된 사실을 나타낸다.

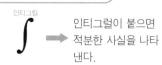

많은 수학자들의 노력이 오늘날의 미적분학을 완성시켰다

9 우리 주변의 미분 ①

'요즘 바빠?'라는 질문에 답하는 것은 미분과 같다!?

누군가가 당신에게 '요즘 바빠?'라고 묻는다면

'요즘 바빠?'라는 질문을 받으면 당신은 뭐라고 답하는가? 잠시 생각한 후 '그때그때 달라.'라고 하는가? 아니면 바로 '바빠!'라고 답하는가?

이 질문을 받으면 당신은 얼마큼의 기간을 생각하고 답하겠는가? 지금 현재인가? 아니면 최근 일주일간? 한 달? 반년? 이는 질문한 사람이 누군가에 따라서도 달라질 것이다.

나이가 지긋한 할아버지들끼리 50년 만에 동창회에서 만났다면 최근 10년 정도의 기간을 말하는 것일지도 모른다.

최근은 언제부터 언제까지이고, 얼마만큼 바쁜 것인가?

한 시간, 아침과 밤, 일주일, 일 년……그리고 일생의 기간 속에서 어느 한 단위로 시간을 인식하는 것은 어려운 일이다. 경영을 예로 들면, 예전에는 1년 단위로 수지결산을 보고했지만, 지금은 사분기(3개월)마다 실시하는 곳도 많다. 또한 수지현황을 시시각각 실시간으로 파악할 수 있다면 매우 유용할 것이다. 그러나 경영이 아닌 '피부 상태'를 1초 단위로 파악하는 것은 별 의미 없는 일이다.

한가할 때도 있고 바쁠 때도 있는데 전체적인 경향이 어땠는지를 정확히 답하는 것도 매우 어렵다. 한순간의 변화량을 답하는 것은 마치 미분과 같기 때문이다. '요즘 바빠?'라는 질문에 제대로 답하기 위해서는 어쩌면 미분을 사용해야 할지도 모른다.

의외의 관계인 미분과 요즘

두 가지 질문

→ '최근' 기간을 어느 단위로 인식하는가?

→ 바쁜 정도를 어떻게 판단하는가?

당신은 최근(어느 한 순간)의 바쁜 정도(변화량)에 대해 답하고 있다!

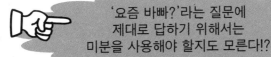

'요즘 바빠?'라는 질문에
제대로 답하기 위해서는
미분을 사용해야 할지도 모른다!?

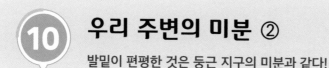

우리 주변의 미분 ②
발밑이 편평한 것은 둥근 지구의 미분과 같다!

지구를 발밑의 한 점으로 미분한다면?

우리의 발밑은 편평한 지면으로 되어 있다. 집 바닥도 건물 바닥도 완전히 편평하다. 그런데 잠시 생각해보자. 지구는 둥근 행성인데 왜 바닥이 편평한 것일까? 이는 거대한 지구에 비해 우리 눈앞이나 집은 그 크기가 매우 작기 때문이다. 즉 우리가 서 있는 아주 좁은 범위는 평면으로 인식된다.

이 평면은 바로 둥근 지구를 미분한 것과 같다. 앞서 미분은 '순간의 변화량을 구하는 것'이라 설명했다. 이 표현은 시간으로 미분하는 경우이며, 우리가 서 있는 위치로 미분할 경우에는 '한 점의 변화량을 구하는 것'이라는 표현이 더 정확하다. 즉 우리가 서 있는 표면상의 한 점으로 둥근 지구를 미분하면 발밑의 한 점에 접하는 편평한 면이 구해지는 것이다. 만약 우리가 지구를 한바퀴 돈다면 지구의 둥근 면에 따라 발밑의 지면도 조금씩 기울어질 것이다.

지구를 반으로 자르고 원이라 생각하면?

그럼 더욱 단순하게 지구를 평면이라 생각해보자.

우리가 적도 바로 밑에 서 있고, 적도에서 지구를 반으로 뚝 잘라 바로 옆에서 보고 있다고 가정해보자. 그럼 우리는 적도라는 큰 원의 원주에 서 있게 된다. 이때 둥근 원 모양의 적도를 발밑의 한 점으로 미분하면 오른쪽 그림과 같이 발밑에 접하는 직선이 구해질 것이다.

둥근 지구를 미분하면 평면이 된다

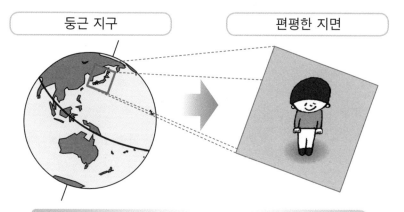

둥근 지구   편평한 지면

둥근 지구를 발밑의 한 점으로 미분하면
편평한 지면이 구해진다

지구를 둥근 원이라 생각한다

반으로 자른 지구   편평한 지면

둥근 원인 지구를 한 점으로 미분하면
발밑에 접하는 직선이 구해진다

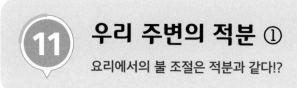

11 우리 주변의 적분 ①
요리에서의 불 조절은 적분과 같다!?

열의 양을 조절하기 위해 불의 세기를 바꾼다

요리할 때 불 조절은 기본이면서도 어렵다. 요리책 레시피에는 '강불로 팔팔 끓이고 나서 중불로 15분, 그리고 약불로 1시간 정도……' 등이 적혀 있다. 냄비에 열을 가해 재료를 익히려는 것뿐인데 왜 이렇게 몇 번이나 불 조절을 해야 할까?

'타지 않을 만큼', '물기 없이 바짝 조리도록', '넉넉히 시간을 두고 익혀서 속까지 양념이 배어들도록……' 등 재료나 요리에 따라 그 목적은 조금씩 차이가 있다. 그러나 가장 기본적인 목적은 타지 않을 만큼 적당한 양의 불을 가해 익히는 것이다.

강불로만 계속 끓이면 불을 10초만 늦게 꺼도 타버리거나 끓어 넘칠 수 있다. 따라서 마지막에는 불을 줄여 천천히 완성하는 것이다.

조림요리를 예로 들면 처음에는 끓어오를 때까지 강불로, 그 다음 15분간 중불로, 이후 1시간 정도 약불로 조린다.

이때 언제, 어느 정도의 불 세기로 조리했는지를 그래프로 나타내면 오른쪽 그림과 같다. 가로축을 시간, 세로축을 불의 세기로 표시한 것이다. 열의 양은 어떤 불 세기로 얼마큼의 시간 동안 가열했는지, 즉 불의 세기와 시간을 곱하여 결정되므로 그래프의 면적이 곧 불의 양이 된다. 불의 세기를 자동차의 액셀러레이터라 생각하고 목표로 삼은 열의 양이 될 때까지 적당히 조절하면 되는 것이다.

요리를 잘하는 사람은 어쩌면 무의식 중에 화력을 시간으로 적분하여 불의 세기를 구하고 있는지도 모른다.

의외의 관계인 적분과 요리

조림요리의 불 조절 순서

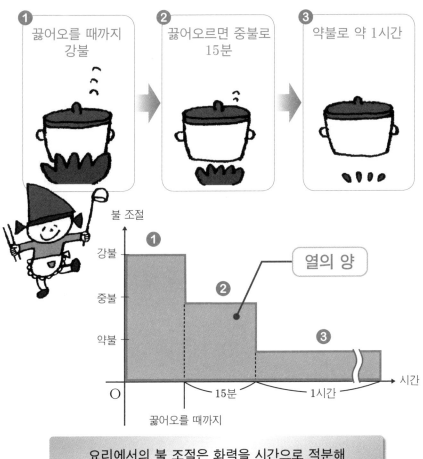

요리에서의 불 조절은 화력을 시간으로 적분해
적당한 열의 양을 가늠한 것!

 요리를 잘하는 사람은
적분도 잘할 가능성이!?

우리 주변의 적분 ②

12

디지털의 구조는 적분의 개념과 비슷하다!

디지털데이터란 들쑥날쑥하고 울퉁불퉁한 데이터

오늘날 아날로그 레코드판은 취미가 고상한 사람만 구입할 뿐, 대부분 디지털데이터인 CD나 인터넷 음원을 통해 음악을 듣는다. 그런데 이 디지털과 적분은 매우 비슷하다.

디지털데이터란 매끄러운 아날로그데이터를 아주 작게 분해한 값에 끼워 맞춘, 들쑥날쑥하고 울퉁불퉁한 데이터이다. 각 음색의 음파가 매끄러운 파형처럼 보이는 디지털데이터의 전환구조를 살펴보면 오른쪽 그림과 같이 시간별로 세세하게 나누어 들쑥날쑥한 모양으로 , 인간의 귀로는 알 수 없는 수준까지 매우 세밀하게(매끄럽게) 나누어 만든 것이다. CD에서는 1초가 무려 44,100번이나 나눠져 있다.

디지털데이터로 전환하면 수학이나 기호로 취급할 수 있으므로, 아날로그데이터와 비슷한 자료를 얼마든지 기록하거나 복사할 수 있다.

적분의 개념과 디지털화의 구조

그림이 움직이는 것처럼 보이는 플립북이나, 이집트인들이 구불구불한 강변의 토지 면적을 계산하기 쉬운 도형에 끼워 맞춘 착출법(24쪽 참조)를 떠올려보자.

적분은 C '전체량'를 구하기 위해 가능한 한 세밀하게 B '시간 등'으로 더한 것이었다. 즉 아주 작게 나눔으로써 더욱 정확한 C를 구할 수 있다. 이렇듯 매끄러운(정확한) 아날로그와 비슷하게 만들려는 디지털화와 적분은 그 목적은 달라도 중간 과정의 개념은 같다고 할 수 있다.

디지털데이터란

매끄러운 아날로그데이터를 분해해 가까운
값에 들쑥날쑥 끼워 맞춘 데이터

우리 생활 속에 자리잡은 디지털화의 흐름

➡ 매끄러운 아날로그데이터를 취급하기 편리한 디지털데이터로 전환

디지털화와 적분의 관계

디지털 CD의 음파

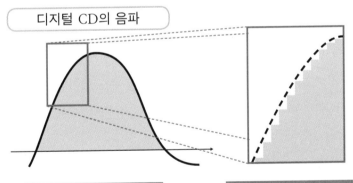

디지털화	적분
매끄러운 아날로그데이터에 가깝도록 아주 작은 단위로 나눈다.	정확한 전체량을 구하기 위해 아주 작은 단위로 나눈다.

디지털화와 적분은 중간 과정의 개념이 서로 같다

미분과 적분의 관계

미분한 것을 적분하면 원래대로 돌아온다?

변화량의 미분과 전체량의 적분 사이의 관계

미분과 적분은 늘 짝꿍처럼 붙어 있다. 눈치가 빠른 사람이라면 앞서 미적분의 예를 보면서 일찌감치 알아챘는지도 모른다. '미분 = 순간(한 점)의 변화량을 구하는 것'과 '적분 = 조금씩 더해서 전체량을 구하는 것'은 덧셈과 뺄셈처럼 서로 역의 관계인 것이다. 즉 적분한 것을 미분하면 다시 원래대로 돌아온다.

앞서 플립북 만화에서 적분하는 이미지와 카메라의 셔터를 눌러 미분하는 이미지를 떠올려보자. 비슷하지 않은가? 같은 움직임을 예로 들어 생각해보자.

A '교과서 귀퉁이에 그린 그림'을 B '그림이 그려진 쪽'으로 적분하면 C '우유를 따르는 모습'이 구해진다. 반대로 A '우유를 따르는 모습'을 B '시간(셔터를 누르는 타이밍)'으로 미분하면 C '우유를 따르는 순간의 모습'이 구해진다. 즉 '우유를 따르는 순간의 정지화면'과 '우유를 따르는 모습의 영상'은 미분과 적분을 통해 왕복할 수 있다.

'순간(한 점)의 변화량'을 적분하면 '전체량'이 되고, '전체량'을 미분하면 '순간(한 점)의 변화량'이 되는 것이다. 쉽게 이해하기 힘들 수도 있지만, 전철이 정차할 때의 흔들림이나 구불구불한 곡선으로 둘러싸인 면적 등의 예도 사실은 모두 미분과 적분을 통해 거꾸로 되돌릴 수 있다.

찰나의 순간(한 점)이나 대량의 덧셈을 어떻게 인식해서 구체적으로 실행하는가의 문제는 수학의 세계가 하는 일이다. 다음 장에서 천천히 살펴보도록 하자.

미분과 적분이 짝꿍인 이유

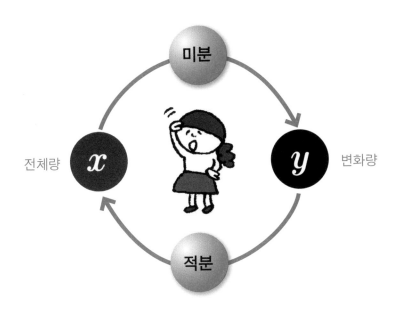

전체량 x y 변화량

우유를 따르는 모습

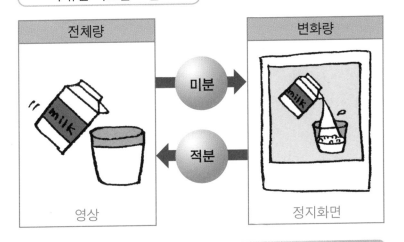

전체량		변화량
영상		정지화면

미분과 적분은 역의 관계

총정리 미분·적분으로 할 수 있는 것
14
적분과 미분의 대조적인 특징

적분으로 할 수 있는 일

앞서 살펴본 것처럼 적분이란 아주 조금씩 더해 전체량을 구하는 것이다. 움직이는 영상을 얻기 위해 플립북처럼 정지화면을 더해가거나, 구불구불한 호수의 면적을 구하기 위해 세로로 자른 면적을 합하기도 한다.

미세한 재료를 조립하여 목표물을 완성시키는 경우가 많으므로 전체량의 이미지를 연상하기는 쉽다. 또 시간을 적분할 때에는 과거의 데이터를 분류하여 사용하므로 과거의 전체량을 분석하거나 측정하는 데에 유용하다.

하지만 적분은 이미지를 연상하기는 쉬우나 실제 계산이 어려운 경우가 많아, 오늘날에는 컴퓨터 기술을 통해 복잡한 계산을 해결하고 있다.

미분으로 할 수 있는 일

미분은 찰나의 순간이나 한 점의 변화량을 구하는 방법이다. 움직이는 물체의 찰나의 모습이나 속도를 줄이는 전철의 정차 시 움직임을 포착하고, 지구 표면의 한 점에 접하는 평면을 구할 수 있다.

적분과는 반대로 한순간이나 한 점의 변화량을 구하는 것이므로 전체 이미지를 떠올리기는 어렵다. 그러나 이 변화량은 전체 모습의 윤곽을 잘 나타내므로 매우 유용하게 쓰일 수 있고 계산 또한 간단하다. 예를 들어 시간으로 미분할 경우 한 시점에서의 변화량이 구해지면 그 다음 동작이 어느 정도 예측되므로, 현재의 경향을 바탕으로 미래를 예측할 때에 자주 이용된다.

적분은 이미지를 연상하기 쉽지만 계산하기는 어렵다

적분 = 아주 조금씩 더해 전체량을 구하는 방법

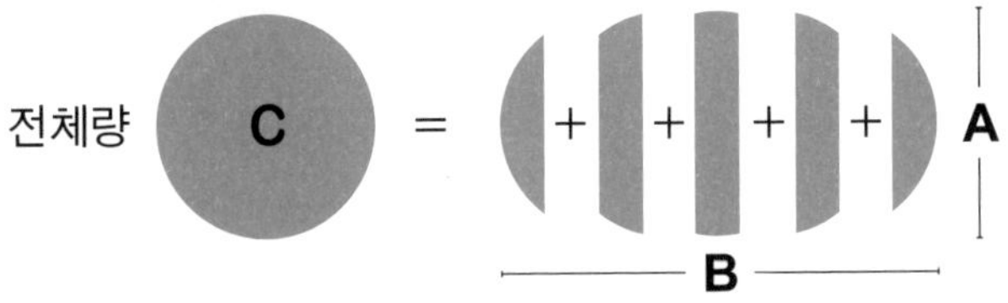

전체량 C = (+ + + +) A

B

A를 B로 적분해 C를 구한다.

적분의 특징	• C는 이미지를 연상하기 쉽다. • 주로 과거의 일을 다룬다(B가 시간일 경우). • 계산이 어렵다.

미분은 이미지를 연상하기 어렵지만 계산하기는 쉽다

미분 = 아주 짧은 순간(한 점)의 변화량을 구하는 방법

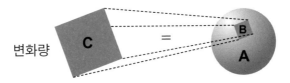

변화량 C = B A

A를 B로 미분해 C를 구한다.

미분의 특징	• C는 이미지를 연상하기 어렵다. • 주로 미래의 일을 예측할 때 다룬다(B가 시간일 경우). • 계산이 쉽다.

미분으로 주가를 예상할 수 있다?

미분은 우리 주변의 통계에도 이용된다. 예를 들어 주가는 수치보다 그래프로 확인해야 더욱 명확히 움직임을 파악할 수 있다. 주가변동을 확인할 경우 한 달보다는 하루, 한 시간…… 이렇게 시간을 작게 쪼개야 그 시점의 주가를 더욱 정확하게 파악할 수 있다. 이는 주가를 시간으로 미분하는 것이다. 또한 미분을 이용하면 주가가 어떻게 변동하는지 어느 정도 예상할 수도 있다.

주가는 상승 · 하락 · 유지의 세 패턴으로 변동하는데, 이때 중요한 것이 그래프의 기울기이다. 측정한 주가의 종가가 급격히 상승하면 그 상태 그대로 더욱 상승하고, 반대의 경우 그대로 더욱 하락할 거라 예상할 수 있는 것이다. 금융공학은 이처럼 수학이나 통계학을 이용하여 투자 이익을 극대화하고 리스크를 최소화하려는 학문이다. 때문에 투자은행 등이 최첨단 금융공학을 이용해 거액의 이익을 창출하는 방법이 화제가 되었다.

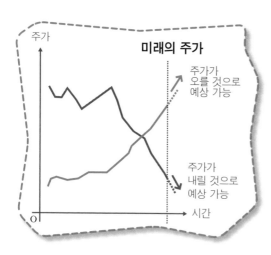

그러나 금융공학에는 치명적인 결점이 있다. 향후 주가가 어떻게 변동할지는 예측에 의존할 수밖에 없다는 점이다. 실제로 2008년 세계금융위기 때 미국의 투자은행은 거액의 손실을 입어, 수식에만 의존한 투자의 위험성을 여실히 드러냈다.

워밍업!

미분·적분
쉽게 이해하기 위해
알아야 할 것!

수직선의 대발명

수의 크기를 한눈에 이해하는 방법

수직선을 발명한 데카르트

이번 장에서는 미분 · 적분을 이해하기 전에 수학의 기본적인 지식을 먼저 소개한다. 너무 쉬운 내용이라고 생각되면 건너뛰어도 좋다.

17세기에는 수의 크기를 한 눈에 파악하기 위해 선 위에 수를 표기하는 수직선이 발명되었다. 지금은 당연한 것처럼 사용되고 있지만, 수직선 외에 0이나 음수를 표기하는 간단한 방법을 찾아보면 잘 떠오르지 않을 것이다. 철학자로도 유명한 르네 데카르트가 이 수직선을 발명하기 전까지 중세유럽 사람들은 0이나 음수의 존재를 받아들이기 어려웠다.

수학 외의 분야에서도 널리 이용되는 편리한 수직선

수직선은 우선 직선을 그리고 그 위에 기준이 되는 원점 0을 정해서 만든다. 그리고 일정한 간격으로 눈금을 표시하고 나타내려는 값에 맞춰 1, 2, 3······ 혹은 5, 10, 15······ 등 구분하기 쉬운 숫자를 표기한다.

일반적으로 원점의 오른쪽은 양(+)의 영역, 왼쪽에는 −1, −2, −3······등의 음(−)의 영역을 표기하며 양의 영역 수직선 끝에는 화살표를 그린다. 그리고 화살표 끝에 '기온', '시간', 'x' 등 수직선의 값이 무엇을 나타내는지를 적는다. 예를 들어 수직선 위에 일정한 숫자를 기입함으로써 7과 77은 어느 정도의 차이가 있는지, 또한 그것은 7과 −63 사이의 차이와 같다는 사실을 한눈에 알 수 있다.

0이나 음수를 어떻게 표현할 것인가

일반인들은 0이나 음수를 이해하기 어려웠다.

수직선의 발명으로 0이나 음수를
머릿속에서 연상할 수 있게 되었다

데카르트

수직선 그리는 법

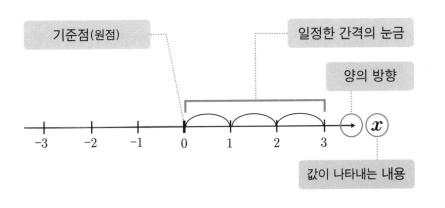

기준점(원점)

일정한 간격의 눈금

양의 방향

값이 나타내는 내용

다양한 수의 나눔법
미분·적분에서 다룰 수 있는 수들

실수는 유리수와 무리수의 총칭

우리가 일상 속에서 하나, 둘, 10개, 100원, 1000m 등과 같이 셈하는 수는 대부분 정수이다. 이 정수와 $\frac{1}{2}$, $\frac{1}{3}$, 0.5, −7.5 등의 분수 및 소수를 합해 유리수라고 한다. 유리수는 $\frac{1}{1}$과 같이 모두 분수로 나타낼 수 있다. 또한 0.6666······처럼 소수 자리가 규칙적으로 반복되는 순환소수도 모두 분수로 나타낼 수 있다.

반대로 분수로 나타낼 수 없는 수에는 어떤 것들이 있을까? 순환소수를 제외한 소수 중 누구나 알고 있는 유명한 수가 있다. 바로 3.141592······의 π(원주율)이다. 또한 1.41421356······의 $\sqrt{2}$ 또한 분수로 나타낼 수 없다. 이렇게 분수로 나타낼 수 없는 수를 무리수라 한다. 참고로 루트(제곱근)로 표기되며 분수로 나타낼 수 없는 수는 모두 무리수이다. 또 유리수와 무리수를 합해 실수實數라 부르며, 실수가 아닌 수는 허수虛數이다. 이 책에서는 실수만 다루기로 한다.

실수는 수직선 위에 나타낼 수 있다

실수는 모두 수직선 위에 표기할 수 있다. 값의 크기를 가늠하기 어려운 복잡한 분수나 무리수도 수직선 위에 나타내면 한눈에 알 수 있다. $\sqrt{2}$, $\sqrt{3}$, $\sqrt{5}$ 등도 0부터 5까지의 짧은 수직선상에 모두 나타낼 수 있는 것이다. 수직선 위에 표기되면 복잡한 무리수의 정체도 파악할 수 있다. 이것이 바로 수직선의 위대함이다.

수의 분류

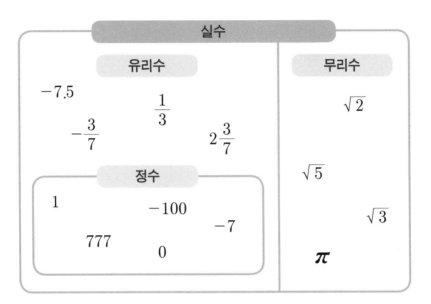

실수

유리수	무리수
-7.5 $\quad$ $\dfrac{1}{3}$ $\quad$ $-\dfrac{3}{7}$ $\quad$ $2\dfrac{3}{7}$	$\sqrt{2}$ $\quad$ $\sqrt{5}$ $\quad$ $\sqrt{3}$ $\quad$ π

정수

1 $\quad$ -100 $\quad$ -7 $\quad$ 777 $\quad$ 0

수직선 위에서 한눈에 알아볼 수 있는 실수들

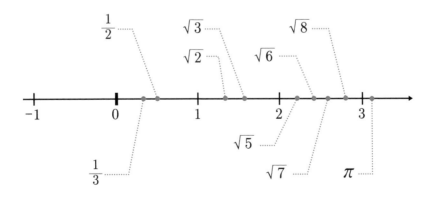

실수는 모두 수직선상에 나타낼 수 있다.

수직선이 직교하는 좌표

두 변수의 관계를 나타내는 법

좌표에는 두 변수를 나타낼 수 있다

두 변수 x와 y가 있다. 이 둘의 값(위치)를 한눈에 알아볼 수 있도록 나타내고 싶을 때 직교 좌표계라는 것을 이용한다. 두 수직선을 가로세로 수직으로 교차시켜 x와 y의 위치를 나타낼 수 있는 것이다. 이 책에서는 이 직교 좌표계를 간단히 좌표계라 부르기로 한다.

변수, x, y 등 수학용어나 기호만 봐도 머리가 아픈 사람을 위해 구체적인 예를 살펴보자. 변수 x, y는 수(실수)로 나타낼 수 있는 것이 조건이다. 단, 서울의 인구를 x, 뉴욕의 인구를 y라 해도 두 숫자 사이의 연관성을 찾을 수 없기 때문에 이 경우는 의미가 없다. 이 좌표계에서는 x가 정해지면 따라서 y도 정해지고, y가 정해지면 따라서 x도 정해지는 관계가 의미가 있다.

예를 들어 x시간 드라이브 후 차의 주행거리가 $y$km, 서울의 인구가 x일 때 인구 밀도는 y인 경우 등이다.

좌표계 그리는 법과 사분면

좌표계 위 변수의 위치를 나타내는 규칙은 가로축의 값 x, 세로축의 값 y에 대하여 $x=2$, $y=4$일 때 $(x, y)=(2, 4)$로 표기한다. 좌표계 위에서 오른쪽 위 그림처럼 x축 방향(가로) 2, y축 방향(세로) 4인 곳에 점을 찍는다.

물론 x, y 각각의 음수 방향에도 대응하여 오른쪽 아래 그림과 같이 x축, y축을 중심으로 사분할된 구역에 점을 찍어 나타낼 수 있다. 특별히 의식할 필요는 없지만 각각의 수직선으로 나누어진 네 구획을 사분면이라 부르며, 오른쪽 위부터 반 시계방향으로 제1사분면, 제2사분면, 제3사분면, 제4사분면이라 한다.

두 변수의 위치를 나타내는 좌표

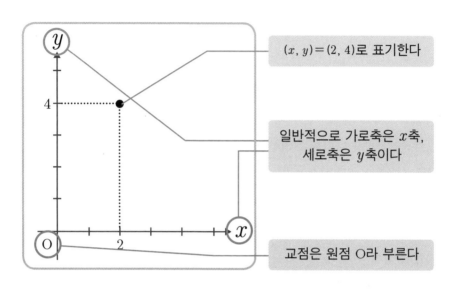

$(x, y) = (2, 4)$로 표기한다

일반적으로 가로축은 x축,
세로축은 y축이다

교점은 원점 O라 부른다

좌표상에 존재하는 사분면

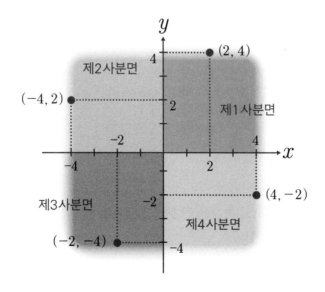

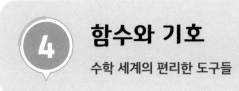

함수와 기호
수학 세계의 편리한 도구들

함수는 변수의 관계성을 나타낸다

앞서 좌표계 위 두 변수 사이의 연관성을 찾을 수 없으면 무의미하다는 사실을 살펴보았다. x가 정해지면 따라서 y도 정해지고 y가 정해지면 따라서 x도 정해지는, 즉 연관성을 나타내기 위한 도구를 함수라 한다.

일상생활에서 예를 들어보자.

병원에 갈 때 충치가 있으면 치과, 눈이 건조하면 안과, 뼈가 부러지면 정형외과, 배가 아프면 내과에 간다. 증상에 따라 진료과목이 각각 다른 것이다. 함수는 이처럼 증상에 따라 진료과목을 안내해주는 접수창구와 같은 역할을 한다. 물론 진료과목은 수직선 위에 나타낼 수 없지만 말이다.

함수는 영어 '$function$'의 머리글자를 딴 f를 기호로 사용한다. y에 대한 x의 관계를 나타낼 경우 $y=f(x)$이다. 위 병원의 예에서는 접수창구를 함수 f, '진료과목'$=f(x)$로 나타낼 수 있을 것이다. $f(x)$와 같이 x를 입력한, x로 표기되는 함수를 'x의 함수'라 부른다.

수학의 기호는 그저 관습적인 규칙에 불과하다

수학의 세계에는 x, a, f 등 다양한 기호가 등장한다. 이들 기호를 사용할 때 설명을 덧붙인다면 어느 것을 사용해도 상관없다. 그러나 실제로는 모두가 이해하기 쉽도록 변수는 x, y, z, 상수는 a, b, c, 함수는 f, g, h 등과 같이 관습적으로 쓰이는 기호가 정해져 있다. 따라서 깊이 고민하지 말고 규칙에 익숙해지자.

변수의 관계를 나타내는 함수

x와 y의 연관성을 나타내는 함수 f

$$y = f(x)$$

수학 기호로 사용되는 알파벳

일반 기호의 사용법

- 변수 $x,\ y,\ z$
- 또 다른 변수 $l,\ m,\ n$
- 점의 위치 등 $P,\ Q,\ R$
- 상수 $a,\ b,\ c,\ d\cdots\cdots$
- 함수 $f,\ g,\ h$
- 부피 $V \Rightarrow \text{volume}$(부피)의 머리글자
- 반지름 $r \Rightarrow \text{radius}$(반지름)의 머리글자

편리한 함수

함수의 사용법과 종류

$f(x)$ 속의 수식을 생략할 수 있다

앞서 함수가 변수 사이의 관계를 나타낼 수 있다는 사실을 살펴보았다. 계속해서 구체적으로 $y=f(x)$의 내용에 대해 알아보면, 아래와 같은 수식이 대입된다.

$$y = 2x \qquad \cdots ①$$

$$y = x^2 - 4x + 1 \qquad \cdots ②$$

①과 같이 간단한 수식일 경우 별 문제 없지만, ②와 같이 긴 식의 경우에는 좌표 위에 일일이 표기하기 번거롭다. 이때 간단히 $f(x)$를 쓰면 편리하다. 예를 들어 $x=1$일 때의 y값은 $f(1)$ 등으로 표기할 수 있다. 이 경우 ①에서는 $f(1)=2$, ②에서는 $f(1)=-2$이다.

한편 ①의 우변 같이 하나의 항으로 구성된 수식을 단항식, 단항식 및 ②의 우변과 같이 여러 항으로 구성된 수식을 다항식이라 부른다.

변수가 몇 제곱인지를 나누어 부른다

수식 항의 x가 몇 제곱인지에 따라 함수가 달라진다. 수식 중에서 제일 큰 변수의 거듭제곱 수를 차수^{次數}라 하고, 이 차수 n의 수식을 n차함수 혹은 n차식이라 부른다. 따라서 ①은 일차함수, ②는 이차함수이다. 이번 장에서는 삼차함수까지 다루기로 한다.

함수의 사용법

①, ②를 각각

$$f(x)=2x$$
$$g(x)=x^2-4x+1$$

이라 하면, $x=1$일 때

$$f(1),\ g(1)$$

으로 나타낼 수 있다

$$f(1)=2\times1=2$$
$$g(1)=1^2-4\times1+1=-2$$

함수의 명칭

항: $+$와 $-$로 구분된 식의 요소

> 항의 수에 따른 명칭

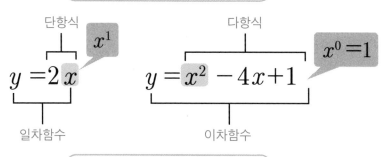

> 차수에 따른 명칭

차수: 변수의 거듭제곱 수 중에서 가장 큰 것

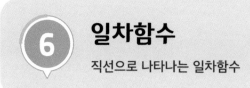

일차함수
직선으로 나타나는 일차함수

6

일차함수의 그래프는 단순한 직선이다

x에 대한 일차함수는 다음과 같이 표기할 수 있다($a=0$이면 일차함수가 아니다).

$$y = ax + b \quad (a, b는 \ 상수, \ a \neq 0)$$

일차함수로 표기되는 x와 y의 함수는 알기 쉽고 간단하다.

예를 들어 두 살 터울 형제의 나이를 각각 형 y살, 동생 x살이라 하면 $y=x+2$로 나타낼 수 있다. 따라서 $f(1)=3$, $f(10)=12$처럼 x가 늘어나는 만큼 y도 늘어난다. 이와 같은 관계를 좌표에 나타내면 오른쪽 그림과 같은 그래프가 된다.

또한 $y=-2x-2$처럼 a가 음수일 경우에는 오른쪽 그래프의 왼쪽 직선과 같이 x가 늘어나는 만큼 y는 줄어든다. 때문에 일차함수의 그래프는 모두 직선으로 나타낼 수 있다.

일차함수로 나타낼 수 있는 연속적인 변수

위에서 형제의 나이를 예로 들었는데, 사실 그다지 좋은 예는 아니다. 나이는 늘 양의 정수로, 17.5세처럼 소수일 수는 없기 때문이다. 그래프 위의 직선은 계속 이어지므로 $f(17.5)=19.5$ 등도 표기된다. 보통 변수로 다루는 수는 신장이나 체중처럼 제대로 측정하려고만 하면 얼마든지 구체적인 수치를 얻을 수 있는 연속적인 데이터라는 사실에 주의하자. 한편 음수 값이 존재할 수 없는 경우는 $x \geq 0$로 표기하면 된다.

일차함수의 식과 그래프

일차함수 식의 표기법

$$y = ax + b \quad (a,\, b : 상수,\ a \neq 0)$$

※ $a = 0$이면 일차함수가 아니다

형제의 나이 ▶

$$f(x) = x + 2 \quad (x \geq 0)$$

$$g(x) = -2x - 2$$

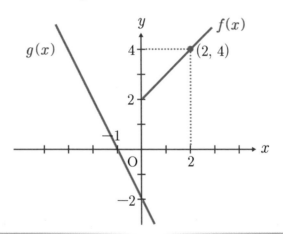

일차함수는 직선 그래프가 된다

주의

일차함수에서 변수는 연속적인 값을 다룬다
(좌표상의 그래프도 연속적)

좋은 예 신장, 체중 등

나쁜 예 나이, 인원 수 등

※평균점 등과 같이 소수점 값에 의미가 있는 경우는 OK

이차함수 ①

포물선과 같은 곡선을 그리는 수식

이차함수의 특징

x에 대한 이차함수는

$$y = ax^2 + bx + c \quad (a, b, c\text{는 상수}, a \neq 0)$$

로 표기할 수 있다. 단순히 $y = x^2 (a = 1, b = 0, c = 0)$인 이차함수를 생각해보면 $f(1) = 1$, $f(2) = 4$, $f(3) = 9$처럼 y는 제곱씩 늘어나 오른쪽 그림과 같은 '아래로 볼록'인 곡선을 그린다. 또한 $y = -x^2$과 같이 a가 음수일 경우에는 x축을 경계로 반전되어, '위로 볼록'인 곡선을 그린다.

$y = x^2$이라면 $y = 4$일 때 $x = \pm 2$와 같이 꼭짓점을 지나는 선을 중심으로 좌우 대칭을 이룬다. 즉 이차함수는 오른쪽 그림과 같이 오목·볼록한 꼭짓점을 지나는 선을 축으로 해 선대칭을 이룬다.

면적과 이차함수는 닮은꼴

이차함수와 비슷한 계산법의 구체적인 예를 생각해보자. 한 변의 길이가 x인 정사각형의 면적을 y라 하면, $y = x^2$으로 나타낼 수 있다. 또한 원의 반지름을 x라 하면 원의 면적은 $y = \pi x^2$이다. 면적 계산의 기본원리는 '가로'×'세로'이므로, 가로와 세로가 비례하는 면적일 경우 이차함수로 나타낼 수 있는 것이다. 수학은 이처럼 여러 방면으로 생각해보는 재미가 있다.

또한 이차함수 그래프의 곡선은 물체를 위로 던졌을 때 나타나는 포물선과 같으며 실제로 포물선을 그리는 곡선도 이차함수로 나타낼 수 있다.

이차함수의 식과 그래프

이차함수의 식 ①

$$y = ax^2 + bx + c \quad (a, b, c: \text{상수}, a \neq 0)$$

※$a = 0$이면 이차함수가 아니다!

이차함수의 특징

- 포물선을 그린다.
- 꼭짓점을 지나는 선을 죽으로 하여 선대칭을 이룬다.

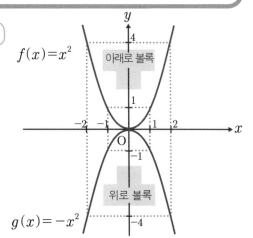

$f(x) = x^2$

아래로 볼록

위로 볼록

$g(x) = -x^2$

이차함수의 구체적인 예

정사각형의 면적

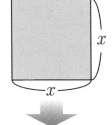

원의 면적

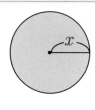

정삼각형의 면적

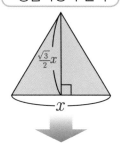

$$y = x^2$$

$$y = \pi x^2$$

$$y = \frac{\sqrt{3}}{4} x^2$$

8 이차함수 ②

꼭짓점을 알면 이차함수를 알 수 있다

이차함수 꼭짓점의 좌표 구하기

앞서 이차함수는 꼭짓점을 지나는 선을 축으로 해 좌우대칭을 이룬다는 사실을 살펴보았다. 예를 들어 $y=a$일 때 $x=\pm b$와 같이 대부분의 경우 한 y에 대해 x는 두 개의 값을 갖지만 꼭짓점만은 한 개의 값을 갖는다. 이 꼭짓점의 좌표를 도출하기 위해서는 제곱 형태로 만드는 완전제곱이라는 방법을 사용한다. 꼭짓점의 좌표를 (p, q)라 했을 때 이차함수를 완전제곱 꼴을 만들면,

$$y-q=a(x-p)^2 \quad (a \neq 0)$$

으로 나타낼 수 있다. 완전제곱 꼴로 만드는 계산 방법은 오른쪽 위의 식과 같은데 단순한 계산이라고는 해도 상당히 복잡하고 공식을 외우기도 어렵다. 그런데 사실은 미분을 이용하면 완전제곱을 하지 않아도 간단히 이차함수의 꼭짓점을 구할 수 있다. 다음 장에서 설명할 것이므로 이 공식은 무리해서 외우지 않아도 괜찮다.

이 공식으로 아래 ①, ② 함수의 꼭짓점을 계산하면, 각각 $(-1, -2)$와 $(1, 3)$이 되어 오른쪽 아래 그림과 같이 된다.

$$f(x)=2x^2+4x \qquad \cdots ①$$

$$g(x)=-\frac{x^2}{2}+x+\frac{5}{2} \qquad \cdots ②$$

이차함수에는 최댓값 혹은 최솟값이 존재한다

이차함수에서 주목해야 할 또 다른 특징은 꼭짓점에서 y가 최댓값 혹은 최솟값을 취한다는 사실이다. 이와 같은 함수의 부분적 최댓값을 극댓값, 최솟값을 극솟값이라 부른다. 이차함수는 아래로 볼록($a>0$)일 때 완전한 최솟값, 위로 볼록($a<0$)일 때 최댓값을 갖는다.

이차함수 꼭짓점 구하는 법

이차함수의 식 ②

(p, q)가 꼭짓점의 좌표일 때,
$$y - q = a(x - p)^2 \ (a \neq 0)$$

$y = ax^2 + bx + c$를 억지로 완전제곱 꼴로 만들면…

$$y = a\left(x^2 + \frac{b}{a}x\right) + c = a\left\{\left(x^2 + \frac{b}{a}x + \frac{b^2}{4a^2}\right) - \frac{b^2}{4a^2}\right\} + c$$

$$= a\left(x + \frac{b}{2a}\right)^2 - \frac{b^2}{4a} + c = a\left(x + \frac{b}{2a}\right)^2 - \frac{b^2 - 4ac}{4a}$$

따라서

꼭짓점 $(p, q) = \left(-\dfrac{b}{2a}, -\dfrac{b^2 - 4ac}{4a}\right)$

다양한 이차함수

1 $f(x) = 2x^2 + 4x$ 완전제곱

$\qquad = 2(x+1)^2 - 2$

$\implies (-1, -2)$가 극솟값

2 $g(x) = -\dfrac{x^2}{2} + x + \dfrac{5}{2}$ 완전제곱

$\qquad = -\dfrac{1}{2}(x-1)^2 + 3$

$\implies (1, 3)$이 극댓값

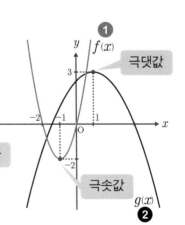

극댓값

극솟값

일차함수와 이차함수의 교점

함수를 방정식으로 나타내어 그래프를 구한다

두 방정식을 풀어서 교점 구하기

이차방정식 푸는 법을 복습해보자.

$$ax^2 + bx + c = 0 \ (a \neq 0)$$

의 해를 구할 때, 오른쪽 아래와 같이 복잡한 계산을 거치면 다음과 같은 식이 나온다.

$$x = \frac{-b \pm \sqrt{b^2 - 4ac}}{2a}$$

조금 복잡하지만 단순 계산이므로 시간이 있을 때 한 번 풀어보고, 이해가 되면 공식을 외우도록 하자. 이 해를 구하는 것을 '이차방정식을 푼다' 혹은 '해를 구한다'라고 말한다.

그럼 이번에는 아래 일차함수와 이차함수의 그래프의 교점을 구해보자.

$$y = x + 1 \qquad \cdots ①$$
$$y = x^2 - 2x + 1 \qquad \cdots ②$$

조금 전까지는 식과 그래프의 관계만 봤으므로 이제 사고를 전환해보자. 원래 그래프는 수식의 조건을 만족하는 좌표(x, y)들이 모여 선을 이룬 것이다. 따라서 두 그래프의 교점은 각각 함수의 조건을 동시에 만족시키는 것이다.

두 그래프의 교점을 구할 때는 이차함수의 y에 일차함수 $y = x + 1$을 대입해 그 이차방정식의 해를 구하여 교점의 x좌표를 구한다. 그리고 이 x좌표를 대입해 y좌표를 구하면 오른쪽 그림과 같이 $(0, 1)$과 $(3, 4)$에서 만난다는 사실을 알 수 있다.

함수 그래프의 교점 구하는 법

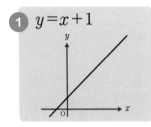 $y = x + 1$ 와 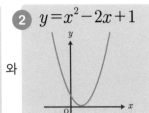 $y = x^2 - 2x + 1$ 의 교점을 구한다.

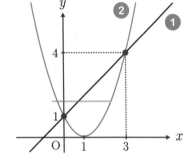

①을 ②에 대입하면,

$$x + 1 = x^2 - 2x + 1$$

$$x^2 - 3x = 0$$

$$x = \frac{-b \pm \sqrt{b^2 - 4ac}}{2a} \text{ 이므로,}$$

$$x = 0, 3 \cdots ③$$

따라서 ③을 ①에 대입하면

해 (교점의 좌표) : $(0, 1), (3, 4)$

이차방정식 푸는 법

$ax^2 + bx + c = 0$ $(a \neq 0)$을 풀면

$$a\left(x^2 + \frac{b}{a}x\right) + c = 0$$

완전제곱!

$$a\left(x + \frac{b}{2a}\right)^2 - \frac{b^2}{4a} + c = 0$$

$$\left(x + \frac{b}{2a}\right)^2 = \frac{b^2 - 4ac}{4a^2}$$

제곱근을 갖는다

$$x + \frac{b}{2a} = \pm \frac{\sqrt{b^2 - 4ac}}{2a} \quad (b^2 - 4ac \geqq 0)$$

 공식

해 $x = \dfrac{-b \pm \sqrt{b^2 - 4ac}}{2a}$

삼차함수의 특징

점대칭의 곡선을 그리는 삼차함수

삼차함수는 변곡점을 중심으로 점대칭을 이룬다.

x에 대한 삼차함수는

$$y = ax^3 + bx^2 + cx + d \quad (a, b, c, d \text{는 상수}, a \neq 0)$$

로 나타낼 수 있는데, 먼저 단순한 $y=x^3$에 대해 생각해보자. $x>0$에서는 $f(1)=1$, $f(2)=8$로, 이차함수보다 차수가 큰만큼 급격히 늘어난다. 반대로 $x<0$에서는 $f(-1)=-1$, $f(-2)=-8$과 같이 세제곱함으로써 음수 역시 y는 급격히 줄어든다. 결과적으로는 원점을 중심으로 180도 회전한 것과 같은 점대칭의 그래프를 그린다. $y=x^3$의 그래프에서 원점처럼 곡선이 굽어지는 방향이 바뀌는 점을 변곡점이라 한다. 함수의 차수가 늘어날수록 변곡점의 수도 늘어난다.

좀 더 복잡한 $y=x^3-3x$와 같은 그래프는 오른쪽 그림과 같이 볼록한 구간과 오목한 구간을 하나씩 가진다. 그러나 이 그래프의 성질을 자세히 알기 위해서는 미분의 도움을 빌려야 한다. 이는 제5장에서 자세히 알아보도록 하자.

부피는 삼차함수와 닮은꼴

삼차함수의 구체적인 예로써, 한 변의 길이를 x로 하는 정육면체의 부피 y는 $y=x^3$으로 나타낼 수 있다. 반지름이 x인 구의 부피 y로 $y=\frac{4}{3}\pi x^3$으로 나타낼 수 있다. 이들의 부피는 한 변이나 반지름의 길이가 2배가 되면 부피는 8배가 되며 길이가 10배가 되면 부피는 1000배로, 매우 급격한 증가를 보인다. 구의 부피는 이후 5장(194쪽)에서 적분을 이용해 증명하기로 한다.

삼차함수의 그래프

삼차함수는 변곡점을 중심으로
점대칭을 이룬다.

※점대칭
한 점을 중심으로 $180°$ 돌렸을 때
처음과 같아지는 관계

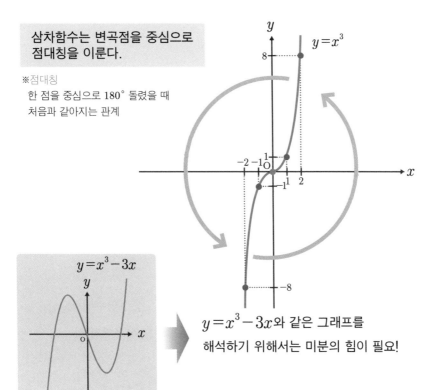

$y=x^3-3x$와 같은 그래프를
해석하기 위해서는 미분의 힘이 필요!

삼차함수의 구체적인 예

정육면체의 부피	구의 부피

$$y=x^3$$

$$y=\frac{4}{3}\pi x^3$$

상수함수와 그 외의 함수

다양한 함수들

상수함수는 x축·y축에 평행한 직선

일차함수가 아닌데도 직선으로 나타나는 함수가 있다. 바로 $y=2$ 등으로 표기되는 상수함수이다. $y=2$에서는 x가 어떤 값을 가지든 상관없이 y의 값이 2가 되므로, 오른쪽 그림과 같이 x축에 평행한 직선이 그려진다.

또한 $x=1$과 같은 상수함수도 있다. $x=1$도 마찬가지로 y의 값에 상관없이 x가 1이 되는 y축에 평행한 직선이다.

다양한 함수

이 책에서는 주로 일차함수 · 이차함수 · 삼차함수 · 상수함수의 네 함수를 다루게 되는데, 이들 외에도 y와 x의 관계에 대해 아래와 같은 다양한 함수가 존재한다.

분수함수 $\quad y=\dfrac{1}{x}$

원 $\qquad\quad x^2+y^2=1$

삼각함수 $\quad y=\sin x,\ y=\cos x$

지수함수 $\quad y=a^x$

대수함수 $\quad y=\log_a x$

이들은 오른쪽 그림과 같이 각자 특유의 곡선을 그린다. 복잡한 계산을 동반하는 경우도 있지만, 그 움직임을 관찰하는 것만으로도 수학의 깊은 세계를 엿볼 수 있어 흥미롭다

상수함수

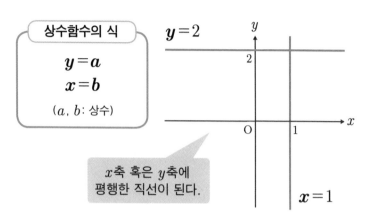

상수함수의 식

$$y = a$$
$$x = b$$

$(a, b:$ 상수$)$

$y = 2$

$x = 1$

x축 혹은 y축에
평행한 직선이 된다.

다양한 함수와 그래프

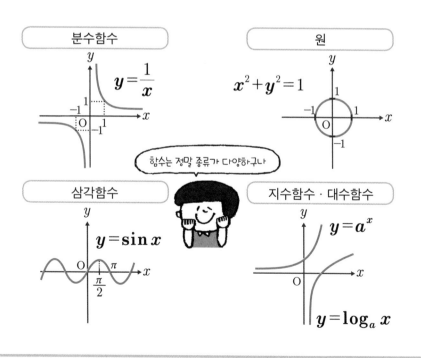

분수함수

$$y = \frac{1}{x}$$

원

$$x^2 + y^2 = 1$$

함수는 정말 종류가 다양하구나

삼각함수

$$y = \sin x$$

지수함수 · 대수함수

$$y = a^x$$

$$y = \log_a x$$

정의역과 치역

함수가 취할 수 있는 범위를 생각해본다

x값의 범위를 정의역, y값의 범위를 치역이라 부른다

함수 $y=f(x)$ 값의 범위에 의도적으로 제한을 두는 경우나, 함수의 특성상 자연스레 그 범위가 정해지는 경우가 있다.

이러한 함수에 대해 x가 취할 수 있는 값의 범위를 정의역定義域, y가 취할 수 있는 값의 범위를 치역値域이라 부른다. 함수 $y=f(x)$는 x와 y의 관계를 x의 식으로 표현한 것이므로 x가 먼저 정의되고 그에 대응하여 y의 값이 정해지므로 이러한 이름이 붙여진 것이다.

$y=ax+b$와 같은 일차함수의 경우 x, y 모두 각각 제한 없는 값을 가지므로, 그 범위는 정의역·치역 모두 실수 전체가 된다.

이차함수의 정의역과 치역에 대해 알아보자

앞서 정사각형 한 변의 길이가 x일 때 면적 y는 $y=x^2$의 관계로 나타낼 수 있다는 사실을 살펴보았다. 이때 $y=x^2$은 오른쪽 그림 ②와 같이 $(0, 0)$이 꼭짓점인 아래로 볼록한 곡선이므로, y는 항상 양수이다. 따라서 자연스레 치역은 $y \geq 0$이 된다는 사실을 알 수 있다. 또한 정사각형 한 변의 길이가 0이나 −1이 될 수는 없으므로 $x>0$이라는 범위의 제한이 생긴다. 이 $x>0$에 호응하여 y의 치역도 $y \geq 0$이 아닌 $y>0$이 된다.

그렇다면 정사각형 한 변의 길이에 제한이 가해져 그 정의역이 $2 \leq x \leq 4$라고 하자. 그렇다면 $f(x)=1$, $f(4)=16$이고, 오른쪽 그림 ③과 같이 $2 \leq x \leq 4$ 사이의 y는 단조증가할 뿐이므로 치역은 $4 \leq y \leq 16$이 된다.

함수의 범위

함수 $y=f(x)$의 범위

정의역 x가 취할 수 있는 범위
치역 y가 취할 수 있는 범위

① 일차함수의 범위

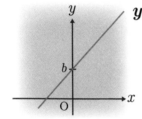

$y=ax+b$

$-\infty$부터 $+\infty$

- 정의역 실수 전체
- 치역   실수 전체

$-\infty$부터 $+\infty$

② 이차함수의 범위

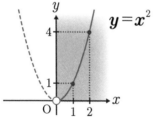

$y=x^2$

정사각형 면적의 경우

- 정의역 $x>0$
- 치역 $y>0$

③ 이차함수의 범위

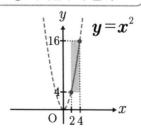

$y=x^2$

정의역 $2 \leqq x \leqq 4$일 경우

- 치역 $4 \leqq y \leqq 16$

13 극한의 개념

끝없이 가까워진다는 것

끝없이 가까워지면 극한값을 갖는다

어떤 맥주의 알코올 도수는 5%이다. 이 맥주를 컵에 절반만큼 따르고, 여기에 물을 또 절반 따르면 도수는 2.5%가 된다. 이를 한 번 더 반복하면 1.25%가 되고, 반복할 때마다 알코올 도수는 계속해서 낮아진다.

이 알코올 도수를 y%, 도수를 절반으로 낮추는 횟수를 x라 하면, $y=5 \times \left(\frac{1}{2}\right)^x$ 로 나타낼 수 있다. 이를 그래프로 나타내면 x가 늘어남에 따라 $y=0.00\cdots\cdots$과 같이 한없이 0에 가까워지는 그래프가 된다. 이렇게 한없이 0에 가까워지는 것을 아래와 같은 기호로 나타낸다.

$$\lim_{x \to \infty} 5\left(\frac{1}{2}\right)^x = 0$$

∞(무한대)는 한없이 커지는 상태를 뜻하는 기호로, $\lim\limits_{x \to \infty}$(리미트)는 x가 한없이 커지고 있다는 상태를 뜻하는 기호이다. 여기서의 위의 식은 x가 한없이 커지면 극한값이 0이 되는 사실을 나타낸다. 한 가지 주의해야 할 점은, $\lim\limits_{x \to \infty}$는 x에 ∞를 대입하는 의미로 생각해서는 안 된다. ∞는 숫자처럼 생각해서는 안 되며 '끝없이' 커진다는 사실을 나타내는 것이다.

극한의 개념은 '끝없이'라는 점이 포인트이다. 아무리 알코올을 희석한다 해도 적은 양의 알코올이 들어 있는 것인데, 이 희석하는 작업을 '끝없이' 반복해나가면 알코올 도수를 0%로 간주해도 된다고 생각하는 것이다.

극한이란?

맥주에 계속 물을 섞어 끝없이 절반으로 희석시킨다

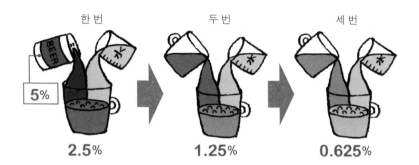

한 번　　　　　　　　두 번　　　　　　　세 번

5%

2.5%　　　　　　**1.25**%　　　　　**0.625**%

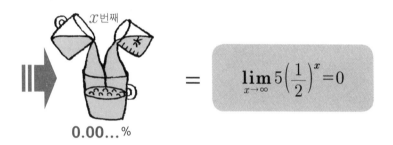

x번째

0.00...%

$=$ $$\lim_{x \to \infty} 5\left(\frac{1}{2}\right)^x = 0$$

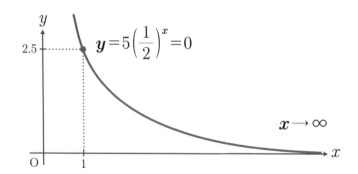

$$y = 5\left(\frac{1}{2}\right)^x = 0$$

2.5

$x \to \infty$

O　1　　　x

$\lim$(극한)를 취한다는 것은 어떤 값에 한없이 가까워질 때의
결과(극한값)를 구한다는 뜻

14 수렴과 발산
극한을 취하면 함수는 어떻게 될까?

일정한 값에 가까워지는 것을 수렴한다라고 한다

극한을 생각할 때 함수의 움직임은 크게 둘로 나뉜다. 그중 하나는 수렴으로, 일정한 값에 한없이 가까워지는 것을 말한다.

예를 들어 $y=\dfrac{1}{x}$의 그래프는 x를 증가시킬 때마다 y가 0에 가까워진다. 이를,

$$\lim_{x \to \infty} \frac{1}{x} = 0$$

으로 표기하여 극한값을 0으로 나타낼 수 있다. 물론 이와 같은 수식이 아니더라도 $y=x+1$에서 x가 한없이 0 가까워지더라도,

$$\lim_{x \to 0} (x+1) = 1$$

이 된다. 그러나 $y=x+1$의 경우 대입하면 그 자체의 값이 얻어질 뿐이므로, 극한을 생각하는 의미는 없다고 봐야 한다.

일정한 값에 가까워지지 않는 것을 발산이라 한다

한편, x가 한없이 어떤 값에 가까워지더라도 y값이 일정한 값에 가까워지지 않고 그저 커지기만 하는 경우도 있다. 예를 들어 $y=\dfrac{1}{x}$의 경우 x가 양의 방향으로부터 0에 한없이 가까워지더라도 y는 점점 커져 아래와 같이 되고 만다.

$$\lim_{x \to +0} \frac{1}{x} = \infty$$

이를 ∞로 발산한다고 하며 굳이 '+0'으로 적은 이유는 음의 방향에서 x의 값이 0에 가까워지면 $-\infty$로 발산하기 때문이다. 오른쪽 그래프를 보면 잘 알 수 있다.

극한값의 수렴과 발산

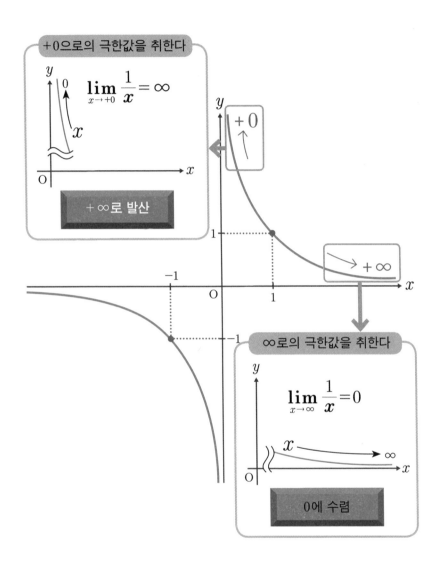

+0으로의 극한값을 취한다

$$\lim_{x \to +0} \frac{1}{x} = \infty$$

+∞로 발산

+0

$\to$ +∞

∞로의 극한값을 취한다

$$\lim_{x \to \infty} \frac{1}{x} = 0$$

0에 수렴

함수의 극한값을 취하면 한 값에 수렴하거나
∞ 등으로 발산한다

15 아킬레스와 거북이
무한에 관한 흥미로운 이야기

왜 아킬레스는 한없이 거북이를 쫓아가는 신세가 되었나?

극한과 수렴에 대한 재미있는 이야기가 있다.

거북이와 달리기 시합을 하게 된 아킬레스는 먼저 출발한 거북이를 뒤쫓아갔다. 이때 거북이의 위치를 d_1, d_2, d_3……이라 한다면, 거북이를 따라잡기 위해서는 먼저 거북이가 원래 있었던 d_1지점에 가야 한다. 그런데 아킬레스가 d_1로 가는 사이 거북이도 계속 이동해 d_2에 도달했으므로 아킬레스는 또 다시 d_2까지 가야 한다. 하지만 그동안 거북이는 d_3까지 이동했다. 이렇게 시간이 아무리 흘러도 아킬레스가 다음 지점에 도달할 때는 거북이도 d_4, d_5……로 이동해 있었다. 이런 논리라면 거리 d_x가 끝없이 이어져, 아킬레스는 영원히 거북이를 따라잡지 못한다.

느림보 거북이를 못 따라잡을 리 없는데도 불구하고, 위와 같은 논리로 생각하면 끝없이 거북이를 쫓아가는 신세가 되니 정말 불가사의한 이야기이다.

하지만 아킬레스는 따라잡을 수밖에 없다. 아킬레스는 초속 100㎝, 거북이는 초속 10㎝, 둘의 거리는 10m일 때 아킬레스가 거북을 따라잡는 데 걸리는 시간 T_n을 d_1부터 d_n까지 각각의 지점에 도달하는 시간의 합으로서 극한을 이용하면

$$\lim_{n \to \infty} T_n = \left\{ \frac{1000}{100} + \frac{1000}{100} \times \frac{10}{100} + \frac{1000}{100} \times \left(\frac{10}{100} \right)^2 + \cdots + \frac{1000}{100} \times \left(\frac{10}{100} \right)^{n-1} + \cdots \right\}$$

$$= \lim_{n \to \infty} \frac{1000}{100} \times \left(\frac{10}{100} \right)^{n-1}$$

로 나타낼 수 있다. 이를 무한등비급수라 부르며 오른쪽과 같은 계산을 통해 $\lim_{n \to \infty} T_n = \frac{100}{9}$이 구해진다. 즉 수를 끝없이 더해 나가도 그 합은 유한한 값 $\frac{100}{9}$에 수렴한다는 뜻이다. 이 이야기는 무한이라는 개념이 얼마나 흥미로운지를 잘 보여주는 예이다.

아킬레스는 어떻게 거북이를 따라잡을 수 있을까?

무한을 이용한 수식으로 나타낸다 T_n: t_1부터 t_n까지의 합

$$\lim_{n \to \infty} T_n = \left\{ \frac{1000}{100} + \frac{1000}{100} \times \frac{10}{100} + \frac{1000}{100} \times \left(\frac{10}{100} \right)^2 + \cdots + \frac{1000}{100} \times \left(\frac{10}{100} \right)^{n-1} + \cdots \right\}$$

$$= \left\{ 10 + 10 \times \frac{1}{10} + 10 \times \left(\frac{1}{10} \right)^2 + \cdots + 10 \times \left(\frac{1}{10} \right)^{n-1} + \cdots \right\}$$

d_n: 거북이가 이동하는 지점
t_n: 아킬레스가 d_n을 걷는데 걸리는 시간

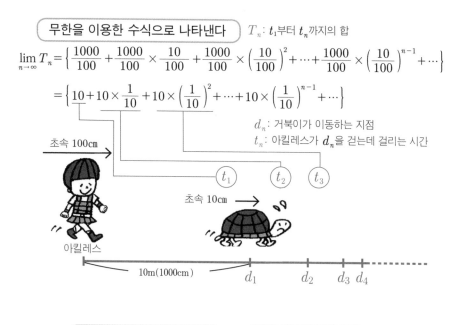

초속 100cm

t_1 t_2 t_3

초속 10cm

아킬레스

10m(1000cm) d_1 d_2 d_3 d_4

아킬레스가 d_1까지 걷는 시간 t_1의 거북이는 d_2로 이동	→	아킬레스가 d_2까지 걷는 시간 t_2의 거북이는 d_3으로 이동

영원히 계속된다?! 그러나 ··· 아킬레스가 d_3까지 걷는 시간 t_3 거북이는 d_4로 이동

무한등비급수의 계산

$$T_n = 10 + 10 \times \frac{1}{10} + 10 \times \left(\frac{1}{10} \right)^2 + \cdots + 10 \times \left(\frac{1}{10} \right)^{n-1}$$

$$-)\ \frac{1}{10} \times T_n = \qquad 10 \times \frac{1}{10} + 10 \times \left(\frac{1}{10} \right)^2 + \cdots + 10 \times \left(\frac{1}{10} \right)^{n-1} + 10 \times \left(\frac{1}{10} \right)^n$$

$$\frac{9}{10} \times T_n = 10 \qquad\qquad\qquad\qquad\qquad\qquad\qquad -10 \times \left(\frac{1}{10} \right)^n$$

$$\lim_{n \to \infty} T_n = \lim_{n \to \infty} \left(10 - 10 \times \left(\frac{1}{10} \right)^n \right) \times \frac{10}{9} = \frac{100}{9}$$

유한으로 수렴된다!

문제 다음 함수의 극한을 구하여라.

❶ $\lim\limits_{n \to \infty} \dfrac{n^2+n+9}{4n^2-4n-1}$

❷ $\lim\limits_{n \to \infty} (n^3-10n^2-100n)$

❸ $\lim\limits_{n \to \infty} \dfrac{3^n+7^n}{5^n}$

❹ $\lim\limits_{n \to \infty} \dfrac{9^n-3^n+1}{9^n+1}$

해답 ❶

$$\lim_{n \to \infty} \frac{\overset{\infty}{n^2}+\overset{\infty}{n}+9}{\underset{\infty}{4n^2}-\underset{\infty}{4n}-1} \implies \frac{\infty+\infty}{\infty-\infty} \text{ 로 보이지만……,}$$

최고차수 n^2으로 나눈다

$$= \lim_{n \to \infty} \frac{1+\overset{0}{\frac{1}{n}}+\overset{0}{\frac{9}{n^2}}}{4-\underset{0}{\frac{4}{n}}-\underset{0}{\frac{1}{n^2}}} = \frac{1}{4}$$

해답 ❷

$$\lim_{n \to \infty} (n^3 - 10n^2 - 100n) \implies \infty - \infty - \infty \text{로 보이지만}\cdots$$

최고차수 n^3으로 묶는다

$$= \lim_{n \to \infty} n^3 \left(1 - \frac{10}{n} - \frac{100}{n^2}\right) = \infty \times 1 = \underline{\infty}$$

해답 ❸

$$\lim_{n \to \infty} \frac{3^n + 7^n}{5^n} \implies \frac{\infty + \infty}{\infty} \text{로 보이지만}\cdots\cdots,$$

분할한다

$$= \lim_{n \to \infty} \left(\frac{3^n}{5^n} + \frac{7^n}{5^n}\right) = \lim_{n \to \infty} \left\{\left(\frac{3}{5}\right)^n + \left(\frac{7}{5}\right)^n\right\} = 0 + \infty = \underline{\infty}$$

해답 ❹

$$\lim_{n \to \infty} \frac{9^n - 3^n + 1}{9^n + 1} \implies \frac{\infty - \infty}{\infty} \text{로 보이지만}\cdots\cdots,$$

9^n으로 나눈다

$$= \lim_{n \to \infty} \frac{1 - \left(\frac{1}{3}\right)^n + \left(\frac{1}{9}\right)^n}{1 + \left(\frac{1}{9}\right)^n} = \underline{1}$$

미분으로 이해하는 제논의 역설

'아킬레스와 거북이'(72쪽 참조) 이야기는 그리스 철학자인 제논의 역설^{Zenon's} paradox로 유명하다. 그의 또 다른 역설 중 '날아가는 화살은 움직이지 않는다'라는 이야기가 있다.

화살이 공중을 날아갈 때 어느 한 순간을 생각해보면 공간의 일정 장소에 화살이 존재한다. 시간을 끝없이 나뉘는 한순간을 생각해보면 최종적으로 시간은 0, 그리고 화살의 속도도 0이 된다. 그렇다면 이 속도 0에서 정지해 있는 화살은 어떻게 날 수 있는 것일까?

이는 화살의 위치 변화와 순간속도를 문제 삼고 있다. 시간을 끝없이 나누는 것, 어디서 들어본 적이 있지 않은가? 바로 미분이다. 미분에서는 순간=0이 아닌, 끝없이 0에 가까워진 극한(무한소)으로 이해한다. 이때 화살과 화살 사이의 변화는 순간의 변화이며 이는 순간속도가 된다. 미분으로 생각해보면 화살은 그 순간에도 속도를 지닌다는 사실을 설명할 수 있는 것이다.

이 역설을 둘러싸고 기원전 5세기경부터 미분·적분이 확립된 17세기까지 실로 2000년 이상 논의가 이어졌다. 미분·적분에서 도입된 '무한'의 개념이 얼마나 심도 있는지를 느끼게 해주는 이야기이다.

한순간의 화살은 정지(속도 0)해 있다?

의외로 간단!

알고 나면 쉬운
미분

3

미분 계산

1

계산뿐이라면 초등학생도 할 수 있다!

미분 계산을 두려워할 필요가 없다

드디어 미분에 관한 이야기를 하게 되었다. 먼저 아래 함수를 x로 미분해보자.

$$y = x^5 + 2x^4 + 3x^3 + 4x^2 + 5x + 6$$

풀 수 있었는가? 실패했다고 해도 낙담할 필요 없다. 이 페이지를 모두 읽고 나면 누구나 위의 식을 미분할 수 있을 것이다. 왜냐하면 미분 계산은 매우 단순(!)하기 때문이다.

그럼 한 가지 기본 공식을 소개한다.

$$(x^n)' = nx^{n-1} \qquad (a)' = 0 \;\; _{(a\,:\,\text{상수})}$$

이후 차례대로 설명하겠지만, ( )에 대시 ' '를 붙이면 ( ) 안을 미분한다는 의미이다. 첫 번째는 x^n을 미분하면 계수에 n을 곱하고 변수 x는 $n-1$제곱이 된다는 매우 간단한 법칙이다. 두 번째는 상수를 미분하면 반드시 0이 된다는 뜻이다. 또한 덧셈이나 **뺄셈**으로 이어진 다항식은 각 항을 각각 미분하여 더하거나 뺀 것과 같다.

이와 같은 공식이라면 $(\text{상수})' = 0$, $(x)' = 1$, $(x^2)' = 2x$, $(x^3)' = 3x^2$, ……
이 되므로, 앞서 제시했던 문제도 공식에 따라 미분하면,

$$y' = 5x^4 + 8x^3 + 9x^2 + 8x + 5$$

가 된다. 여러 부수적인 설명은 생략했지만, 공식의 규칙이나 계산 패턴 자체는 실로 간단하다는 사실을 알 수 있다.

간단한 미분의 계산 패턴

미분의 기본 공식

공식

$$(x^n)' = nx^{n-1} \qquad (n: \text{정수})$$

$$(a)' = 0 \qquad\qquad (a: \text{상수})$$

( )′ : ( )를 미분한다는 의미

$(x^n)'$

$$x^4 \Longrightarrow 4 \times x^{④-1} \Longrightarrow 4x^3$$

$$x^3 \Longrightarrow 3 \times x^{③-1} \Longrightarrow 3x^2$$

$$x^2 \Longrightarrow 2 \times x^{②-1} \Longrightarrow 2x$$

$$x \Longrightarrow 1 \times x^{①-1} \Longrightarrow 1$$

nx^{n-1}

$(a)'$

$$1 \Longrightarrow \text{상수이므로} \Longrightarrow 0$$

상수는 모두 0

예제

$$y = x^5 + 2x^4 + 3x^3 + 4x^2 + 5x + 6$$

미분

$$y' = 5x^4 + 8x^3 + 9x^2 + 8x + 5 + 0$$

※덧셈 · 뺄셈은 각 항을 따로 미분할 수 있다.

미분 계산은 매우 간단하다!

② 기울기란?

함수 그래프의 기울기는 어떻게 나타낼까?

그래프의 기울기는 $\frac{y값의증가량}{x값의 증가량}$ 으로 나타낸다

기울기는 미분을 이야기할 때 빼놓을 수 없는 개념이다. 기울기란 간단히 말해 좌표상 함수 그래프의 경사를 의미한다. 언덕이나 지붕의 기울기는 수평방향으로부터 측정하여 $30°$ 등이라 표현하지만, 그래프의 기울기는 '$\frac{y값의 증가량}{x값의 증가량}$', 즉 'x값의 증가량에 대한 y값의 증가량의 비율'로 나타낸다. 간단히 말하면 x가 오른쪽으로 한 칸 이동할 때 y는 위로 얼마큼 이동하는지를 나타내는 것이다. 구체적으로 A$(1, 1)$과 B$(7, 5)$의 두 점을 지나는 직선의 기울기를 생각해보자. 오른쪽 그림과 같이 A, B의 x좌표의 차는 $7-1=6$이다. 또한 y좌표의 차는 $5-1=4$이므로 $4÷6=\frac{2}{3}$ 가 기울기이다. 두 점의 좌표를 A(x_a, y_a)와 B(x_b, y_b)라 하면 오른쪽 그림과 같은 식이 된다.

상수함수의 기울기는 0 혹은 없다

그렇다면 x축, y축에 평행한 상수함수의 기울기는 어떨까?

$y=2$ 등 x축에 평행한 상수함수는 y값의 증가량이 0이다. 이때는 0을 무엇으로 나누어도 0이므로 기울기는 0이다.

$x=2$ 등 y축에 평행한 상수함수는 기울기가 직각인 $90°$이고, x값의 증가량이 0이다. 0으로 나눗셈을 할 수 없으니 기울기도 구할 수 없다.

미분을 배울 때 왜 기울기의 개념이 중요한가 하면, 미분으로 구하고자 하는 '순간의 변화량'을 '기울기'로 나타내기 때문이다. 그래프의 기울기는 x와 y의 관계를 단적으로 나타내는 것이다. 이에 대해서는 앞으로 차근차근 설명하기로 한다.

그래프의 기울기란?

$$기울기 = \frac{y \text{값의 증가량}}{x \text{값의 증가량}}$$

두 점 사이의 기울기를 생각해본다

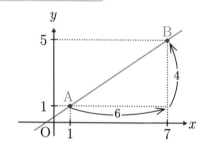

$$\langle \text{AB 사이의 기울기} \rangle = \frac{5-1}{7-1} = \frac{4}{6} = \frac{2}{3}$$

——— ● 두 점 사이의 기울기를 구하는 법 ● ———

$A(x_a, y_a)$, $B(x_b, y_b)$일 때

$$\langle \text{기울기} \rangle = \frac{y_b - y_a}{x_b - x_a}$$

※A와 B의 순서를 뒤바꿔도 분모와 분자의 부호가 반대로 되어 상쇄되기 때문에 기울기는 변하지 않는다.

상수함수의 기울기

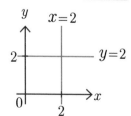

$x = 2$ ➡ 〈기울기〉= 없다

$y = 2$ ➡ 〈기울기〉= 0

직선의 기울기란?

일차함수의 일정한 기울기

일차함수의 기울기를 구해보자

직선, 일차함수의 기울기를 생각해보자. a, b를 상수라 하면,

$$y=ax+b \ \ {\scriptstyle (a\neq0)}$$

로 나타낼 수 있다. 이때 두 점 A, B의 x좌표를 x_a, x_b라 가정하고 각각의 식에 대입하면 좌표 A(x_a, ax_a+b)와 B(x_b, ax_b+b)가 된다. 이를 바탕으로 두 점사이의 기울기를 구하면,

$$\frac{(ax_a+b)-(ax_b+b)}{x_a-x_b}=\frac{a(x_a-x_b)}{x_a-x_b}=a$$

가 된다. 앞서 $y=ax+b$로 나타냈을 때의 상수 a가 일차함수의 기울기라는 사실을 살펴보았다. 물론 일차함수는 직선이므로 기울기는 어느 점에서든 변함없이 일정하다.

그래프의 기울기는 어떤 의미를 지닐까?

앞서 일차함수에서는 a가 그래프의 기울기를 나타낸다는 사실을 살펴보았다. 이제 좌표나 그래프는 잠시 잊고, 기울기가 어떤 의미를 지니는지 생각해보자.

예를 들어 x시간 후 어떤 자동차의 이동거리를 $y$km라 하자. 달리고 있는 차의 평균속력이 $a^{km}/_h$라고 할 때, x와 y 사이의 관계는 $y=ax$로 나타낼 수 있다.

여기서 a는 평균속력으로, 시간 x와 이동거리 y의 비율을 나타낸다. 이렇듯 이는 그래프 상에서는 기울기지만 함수에서 x와 y가 무엇을 나타내느냐에 따라 다양한 의미를 지니게 된다.

일차함수의 기울기를 구한다

● 일차함수 $y=ax+b$의 기울기를 구한다

점 $A(x_a, y_a)$와 $B(x_b, y_b)$가 일차함수상에 있다고 하면,

$A(x_a, ax_a+b)$, $B(x_b, ax_b+b)$가 된다.

따라서 기울기는,

$$\frac{(ax_a+b)-(ax_b+b)}{x_a-x_b}$$

$$=\frac{a(x_a-x_b)}{x_a-x_b}=\underline{a}$$

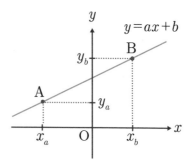

기울기가 지니는 다양한 의미

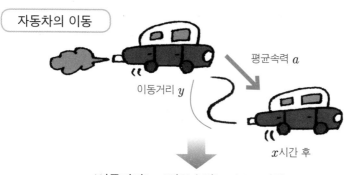

자동차의 이동

평균속력 a

이동거리 y

x시간 후

〈이동거리〉=〈평균속력〉×〈소요시간〉

즉 $y=a\times x$

└─ 기울기

| 기울기 | = | x값의 증가량에 대한 y값의 증가량 비율 | = | 속력 |

곡선의 기울기란?

구간에 따라 변화하는 기울기

선 위의 두 점으로는 곡선의 기울기를 전부 나타낼 수 없다

앞서 직선의 기울기는 일정하여 간단히 구할 수 있다는 사실을 살펴보았다. 그렇다면 곡선에도 기울기가 있을까?

오른쪽 그림과 같이 곡선의 기울기는 구간에 따라 변화한다. 우선 $y=x^2$을 생각해보자. 그래프 위의 두 점 $A(x_a,\ x_b^2)$과 $A(x_b,\ x_b^2)$을 지나는 직선의 기울기를 오른쪽과 같이 계산해보면, 다음과 같다.

$$\overline{AB}\text{의 기울기}=\boldsymbol{x}_a+\boldsymbol{x}_b$$

기울기가 두 점 A, B의 x좌표 x_a와 x_b의 합으로 나타난다는 사실은 두 점의 위치에 따라 기울기가 변한다는 것을 뜻한다.

예를 들어 A가 $(1, 1)$, B가 $(3, 9)$일 때 기울기는 $x_a+x_b=1+3=4$이다. 만약 B가 A에 가까운 $(2, 4)$라 한다면, $x_a+x_b=1+2=3$이 된다.

기울기란 'x값의 증가량에 대한 y값의 증가량의 비율'이므로 두 점의 x값의 차가 1정도일 때 딱 좋은 것일까? 그렇다면 오른쪽 가운데 그림과 같이 변화가 심한 극단적인 곡선의 경우는 어떨까? 이는 점 A와 B를 잇는 직선의 기울기일 뿐이어서, 곡선의 기울기를 알 수 있다고는 말하기 어렵다. 더 짧은 거리에 있는 두 점 A, B를 생각하지 않으면 곡선의 기울기, 즉 'x값의 증가량에 대한 y값의 증가량의 비율'을 이야기할 자격이 없는 것이다.

이런 경우 점 B가 점 A에 가까이 다가가면 오른쪽 그림과 같이 점 A에 접하는 선의 기울기가 된다. 이를 점 A의 접선이라 부른다. 이는 뒤에서 더욱 자세히 설명할 예정이다.

곡선의 기울기 구하는 법

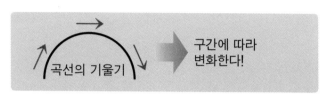

곡선의 기울기 → 구간에 따라 변화한다!

$y=x^2$의 경우

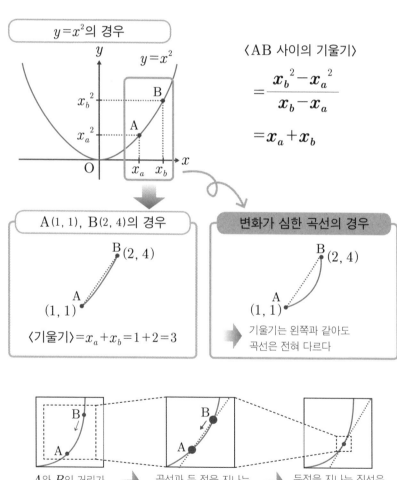

〈AB 사이의 기울기〉

$$=\frac{x_b{}^2-x_a{}^2}{x_b-x_a}$$

$$=x_a+x_b$$

A$(1,1)$, B$(2,4)$의 경우

B$(2,4)$

A$(1,1)$

〈기울기〉$=x_a+x_b=1+2=3$

변화가 심한 곡선의 경우

B$(2,4)$

A$(1,1)$

→ 기울기는 왼쪽과 같아도 곡선은 전혀 다르다

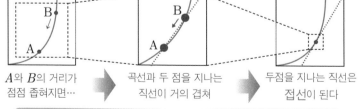

A와 B의 거리가 점점 좁혀지면…

곡선과 두 점을 지나는 직선이 거의 겹쳐

두점을 지나는 직선은 접선이 된다

(한 점에서의) 곡선의 기울기는 접선의 기울기로 표현한다!

이차함수의 기울기 ①

한 점에서의 곡선의 기울기는 그 점에 접하는 접선의 기울기로 나타난다

곡선의 각 점의 기울기는 접선의 기울기로 나타낸다

두 점을 지나는 직선의 기울기에 대해 자세히 살펴본 결과, 변화하는 곡선상의 한 점에서의 기울기는 접선의 기울기로 나타낼 수 있다는 사실을 알았다. 그렇다면 이번에는 그 접선을 더욱 확실히 이해해보자.

접선은 곡선상의 단 한 점에서 접하므로 접선이라 불리는 것이다. 즉 곡선과 접선은 접하기만 할 뿐 교차되지 않는다. 예를 들어 둥근 테이블 모서리에 자를 대면 한 점에만 닿는다. 이 닿는 점에 대한 테이블의 둥근 곡선 기울기가 직선 자의 기울기가 되는 것이다. 한편 한 점에서만 접한다고 했으나, 삼차함수처럼 곡선에 접한 뒤 곡선이 굽어지는 방향이 변하여 교차되는 경우도 있다.

포물선을 그리는 물체는 접선 방향으로 날아간다

접선에 대해 또 다른 방향에서 살펴보자. 어릴 적 카우보이 흉내를 내며 올가미를 던져본 적은 없는가? 머리 위에서 로프를 힘차게 빙글빙글 돌리다 쇠뿔을 향해 휙 던지는 것 말이다. 이렇게 포물선을 그리며 도는 로프를 어느 순간에 던져야 목표물을 잡을 수 있을까? 정답은 오른쪽 그림과 같이 포물선을 그리는 로프의 접선이 목표물의 진행 방향에 왔을 때이다. 포물선을 그리는 물체의 운동은 중심을 향하는 힘, 즉 구심력이 사라진 순간 접선 방향으로 날아간다. 예를 들어 레이싱카의 핸들이 고장나서 코스에서 벗어날 때에도 차는 굽어진 커브의 접선 방향으로 튀어나간다.

곡선과 접선의 관계

접선은 한 점에서만 접한다

삼차함수과 같이 곡선의 굽어지는 방향이 변할 때는 접선이라도 다른 곳에서 교점을 가질 수도 있다.

물체의 운동에서도 중요한 접선

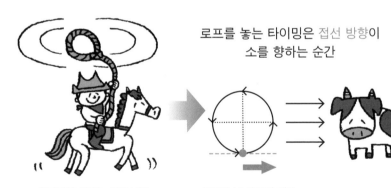

로프를 놓는 타이밍은 접선 방향이 소를 향하는 순간

올가미를 던지는 카우보이

위에서 본 로프의 궤도

포물선을 그리며 운동하는 물체는 항상 접선 방향으로 움직이려는 성질이 있다.

이차함수의 기울기 ②
극한을 이용하면 접선의 기울기를 나타낼 수 있다

아주 작은 차 Δx를 사용하여 기울기를 나타낼 수 있다

앞서 곡선의 기울기는 접선으로 나타낼 수 있다는 사실, 접선은 곡선과 한 점에서 접한다는 사실, 그리고 접선의 방향은 운동하는 물체에게 매우 중요하다는 사실을 살펴보았다.

그렇다면 이번에는 접선의 기울기를 조금 다른 수식으로 생각하여, 점 A에 대한 접선의 기울기를 표현해보자. 곡선 $f(x)$ 위의 점 $A(a, f(a))$, 그리고 이로부터 x좌표가 Δx(델타)만큼 아주 조금 떨어진 곡선 위의 점 $A'(a+\Delta x, f(a+\Delta x))$을 지나는 직선의 기울기를 계산해보면, 아래와 같다.

$$\langle \text{두 점 A, A}'\text{를 지나는 직선의 기울기}\rangle = \frac{f(a+\Delta x) - f(a)}{\Delta x}$$

그리고 Δx가 0에 가까워지면 A와 A' 사이의 거리가 줄어들어, 이 식이 점 A의 접선의 기울기에 가까워지게 된다.

Δx가 0에 가까워지는 사실을 극한을 이용해 나타낸다

Δx가 0에 가까워질 때 그저 $\Delta x = 0$과 같이 대입해서는 안 된다. 왜냐하면 Δx가 0에 가까워질 뿐 $\Delta x = 0$임을 나타내는 것은 아니기 때문이다.

Δx가 0에 끝없이 가까워지는 상태라면 머릿속에 떠오르는 개념이 있을 것이다. 바로 극한(68쪽 참조)이다.

$$\langle \text{점 A에서 접선의 기울기}\rangle = \lim_{\Delta x \to 0} \frac{f(a+\Delta x) - f(a)}{\Delta x}$$

이처럼 극한을 이용하면 곡선 $f(x)$ 위의 점 A에서의 접선의 기울기를 나타낼 수 있다.

곡선의 기울기 → 곡선 위의 각 점에 접하는 접선으로 나타낼 수 있다

점 A′와 A 사이의 기울기

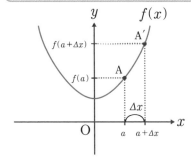

아주 작은 차이 Δx를 이용해 기울기를 나타낸다.

〈 AA′ 사이의 기울기 〉

$$= \frac{f(a+\Delta x)-f(a)}{a+\Delta x-a}$$

$$= \frac{f(a+\Delta x)-f(a)}{\Delta x}$$

극한을 이용해 접선의 기울기 구하기

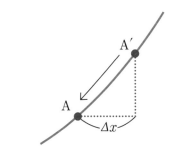

Δx가 0에 한없이 가까워진다.

접선의 기울기에 가까워진다.

※Δx=0은 불가능

극한을 이용한다!

〈점 A에서의 접선의 기울기〉

$$= \lim_{\Delta x \to 0} \frac{f(a+\Delta x)-f(a)}{\Delta x}$$

미분의 구체적인 방법과 그 의미를 생각해본다

극한을 이용해 나타낸 함수 $f(x)$의 기울기를 미분계수라 한다. 드디어 이번 장에서 '미분'이라는 단어가 등장했다. 사실 함수 $y=f(x)$를 점 A에 대하여 '미분한다'는 것은 다음을 구하는 것이다.

$$f'(a)=\lim_{\Delta x \to 0}\frac{f(a+\Delta x)-f(a)}{\Delta x} \quad (x=a\text{에서의 미분계수})$$

그러나 이 설명을 듣고 바로 이해하는 사람은 많지 않을 것이다. 덧셈은 수의 합을 구하고자 한다는 것은 누구나 알고 있다. 하지만 극한을 이용해 기울기를 구한다면 그 목적이 무엇인지 도무지 알 수 없는 사람이 대부분일 것이다. 실제로 수식을 사용하며 이해하는 것은 뒤에서 하기로 하고, 일단 지금까지의 내용을 정리해보자.

① 미분계수 = (극한을 이용해 나타낸 함수 $f(x)$의 기울기)
② 미분 = 미분계수를 구하는 것

앞서 1장에서 설명한 미분의 요점은 다음과 같다.

③ A를 B로 미분하여 C(변화량)을 구하는 것
④ 미분 = 순간(한 점)의 변화량을 구하는 것

①②(구체적인 방법)를 ③④(의미)에 연결시켜 생각해보자. ③의 B나 C에 해당하는 부분은 보통 생략되는 경우가 많다(명기하는 수식도 있다). 일반적으로 '함수를 미분한다'는 것은 '$y=f(x)$를 x로 미분하여 y'를 구한다'라는 의미이다. 그리고 ④는 극한을 이용해 '순간(한 점)'의 '변화량', 즉 '미분계수(접선의 기울기)'를 구할 수 있다는 뜻이다.

미분이란?

미분계수 = 극한을 이용해 나타낸
함수 $f(x)$의 기울기

함수 $y=f(x)$의 점 $A(a, f(a))$에 대한 미분계수

$$f'(a) = \lim_{\Delta x \to 0} \frac{f(a+\Delta x) - f(a)}{\Delta x}$$

미분의 의미		미분 방법
A를 B로 미분해 **C(변화량)을 구하는 것**		미분계수를 구하는 것
순간(한 점)의 변화량을 구하는 것		

미분의 의미와 방법

함수를 미분한다
‖

A$\left(y=f(x)\right)$를 B$\left(x\right)$로 미분하여

C$\left(y'\right)$를 구한다

※보통 B, C는 생략되는 경우가 많다

(극한을 이용해) 아주 작은 한 점의
변화량(= 미분계수:기울기)을 구하는 것

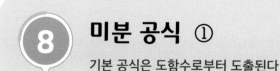

8 미분 공식 ①

기본 공식은 도함수로부터 도출된다

도함수란 미분계수의 함수를 말한다

앞서 미분의 의미와 방법을 연결시켜 살펴보았다. 이번에는 미분을 어떻게 이용하는지, 즉 수식으로 들어가보자. 미분계수를 x의 함수로 나타내면 다음과 같다.

$$f'(x) = \lim_{\Delta x \to 0} \frac{f(x+\Delta x) - f(x)}{\Delta x}$$

이를 도함수라 한다. 앞서 설명한 기울기 식의 a가 x로 치환된 것뿐인 듯하지만, 의미적으로는 점 $A(a, f(a))$뿐만 아니라 함수 $f(x)$상의 모든 점에서의 미분계수(기울기)를 나타내고 있다.

상수미분의 기본 공식을 도출한다

제3장의 도입 부분에서 미분의 기본 공식 $(x^n)' = nx^{n-1}$, $(a)' = 0$ (a : 상수)에 대해 설명했다. 이 기본 공식과 도함수의 식은 서로 연결된다. 우선 상수함수부터 차례대로 살펴보자.

$y = a$의 미분을 살펴보면 오른쪽 그림과 같이 x축에 평행한 직선이므로 $f(\Delta x + x)$와 $f(x)$는 모두 a가 된다. 따라서 다음과 같다.

$$(a)' = \lim_{\Delta x \to 0} \frac{a-a}{\Delta x} = 0$$

물론 a는 어떤 상수를 취해도 변하지 않는다. 계산 또한 극한을 떠올리기도 전에 분자가 0이 되므로 간단하다. 또한 뒤에서 살펴볼 차수가 높은 함수의 도함수도 극한을 취하는 데 특별한 계산이 필요하지 않으므로 안심해도 좋다.

도함수란?

도함수 =함수 $f(x)$상의 미분계수(기울기)를 나타내는 함수

$$f'(x) = \lim_{\Delta x \to 0} \frac{f(x + \Delta x) - f(x)}{\Delta x}$$

상수의 미분

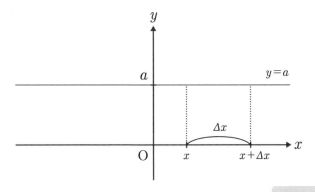

모두 a가 된다

$$y' = \lim_{\Delta x \to 0} \frac{f(x + \Delta x) - f(x)}{\Delta x}$$

$$= \lim_{\Delta x \to 0} \frac{a - a}{\Delta x} = \lim_{\Delta x \to 0} \frac{0}{\Delta x} = 0$$

공식

$$(a)' = 0 \text{과 일치} \quad (a : \text{상수})$$

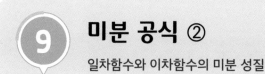

미분 공식 ②

일차함수와 이차함수의 미분 성질

일차함수와 이차함수 모두 도함수로부터 공식이 도출된다

상수함수에 이어서 이번에는 $y=ax$의 일차함수를 살펴보자.

$$(ax)' = \lim_{\Delta x \to 0} \frac{a(x+\Delta x) - ax}{\Delta x} = a$$

이 식은 공식 $(x)'=1$과 일치한다. 일차함수는 직선이므로 모든 점에서 기울기가 일정하여 x의 계수 a(상수)가 된다.

다음은 이차함수 $y=ax^2$으로, 오른쪽 기본 공식과 같다.

$$(ax^2)' = \lim_{\Delta x \to 0} \frac{a(x+\Delta x)^2 - ax^2}{\Delta x} = 2ax$$

이는 최종적으로 Δx가 0에 가까워지기 때문이며 또한 공식 $(x^2)'=2x$와 일치한다.

상수배든 다항식이든 미분은 간단하다

지금까지의 설명을 통해 눈치챘을지 모르지만, x나 x^2에 상수 a 등이 곱해졌어도 미분과는 상관이 없다. 아래와 같이 x에 대해 미분한 뒤 그 상수를 곱하면 될 뿐이다.

$$(af(x))' = af'(x) \quad (a : \text{상수})$$

또한 $y=ax^2-bx+c$와 같은 합과 차의 다항식도 각각의 항을 미분하여 $y'=2ax-b$가 될 뿐이다. 즉, 이는 다음과 같이 된다.

$$(f(x) \pm g(x))' = f'(x) \pm g'(x)$$

도함수 식에 대한 기본적인 설명은 생략하기로 한다(잘 모르는 사람은 어렵지 않으니 스스로 찾아보자).

일차함수의 기본 공식

$y = ax$를 도함수로 미분 (a : 상수)

$$f'(x) = \lim_{\Delta x \to 0} \frac{a(x + \Delta x) - ax}{\Delta x} = \lim_{\Delta x \to 0} \frac{a\Delta x}{\Delta x} = \underline{a}$$

$(\boldsymbol{x})' = 1$과 일치

이차함수의 기본 공식

$y = ax^2$를 도함수로 미분 (a : 상수)

$$f'(x) = \lim_{\Delta x \to 0} \frac{a(x + \Delta x)^2 - ax^2}{\Delta x}$$

$$= \lim_{\Delta x \to 0} \frac{a(x^2 + 2x\Delta x + \Delta x^2) - ax^2}{\Delta x}$$

$$= \lim_{\Delta x \to 0} \frac{2ax\Delta x + a\Delta x^2}{\Delta x} = \lim_{\Delta x \to 0} (2ax + a\Delta x) = \underline{2ax}$$

$(\boldsymbol{x}^2)' = 2\boldsymbol{x}$와 일치

미분의 기본 성질

상수배의 미분	다항식의 미분

$$(\boldsymbol{af}(\boldsymbol{x}))' = \boldsymbol{af}'(\boldsymbol{x})$$

(a : 상수)

$$(\boldsymbol{f}(\boldsymbol{x}) \pm \boldsymbol{g}(\boldsymbol{x}))'$$
$$= \boldsymbol{f}'(\boldsymbol{x}) \pm \boldsymbol{g}'(\boldsymbol{x})$$

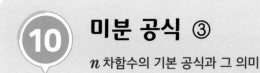

미분 공식 ③

n 차함수의 기본 공식과 그 의미

n차함수의 기본 공식은 모두 같은 규칙을 적용한다

삼차함수 $y=ax^3$도 오른쪽과 같이 계산한다.

$$(ax^3)' = \lim_{\Delta x \to 0} \frac{a(x+\Delta x)^3 - ax^3}{\Delta x} = 3ax^2$$

사차함수 이상의 경우도 도함수 계산을 하면 미분의 기본 공식 $(x^n)' = nx^{n-1}$과 같아진다. $(x+\Delta x)^n$을 전개하면 결국 그 대부분이 Δx의 계수가 되므로, $\Delta x \to 0$의 극한을 취하면 nx^{n-1}을 제외한 나머지 식은 무시될 수 있는 것이다.

차수가 높아져도 미분의 의미는 단순하다

제3장의 첫 부분에서 계산한 오차함수 등은 왠지 미분한다 해도 도저히 그 정체를 알 수 없을 듯했다. 그러나 계산이 복잡하고 차수가 높아져도 미분의 의미는 단순하다. 이차함수 이상의 함수는 모두 곡선을 그리고 미분계수(기울기)는 결국 그래프 상의 x값의 증분에 대한 y값의 증분의 비율에 지나지 않는 것이다. 즉 함수 그래프 상의 각 좌표에서, 기울기가 양(＋)이면 그래프가 상승곡선, 음(－)이면 하강곡선을 그릴 뿐인 것이다. 오목ㆍ볼록의 수가 많고 적음의 차이이다.

기본 공식 $(x^n)' = nx^{n-1}$과 같이, x에 대해 미분을 하면 이차함수는 일차함수로, 일차함수는 상수로 x의 차수가 하나씩 낮아지게 된다. 따라서 미분의 대상이 되는 함수 그래프의 변화 양상(기울기)을 본래 함수보다 한 단계 더 알기 쉬운 함수의 움직임으로 분석할 수 있다.

n차함수의 미분

삼차함수의 기본 공식

$$(ax^3)' = \lim_{\Delta x \to 0} \frac{a(x+\Delta x)^3 - ax^3}{\Delta x}$$

$$= \lim_{\Delta x \to 0} \frac{a(x^3 + 3x^2\Delta x + 3x\Delta x^2 + \Delta x^3) - ax^3}{\Delta x}$$

$$= \lim_{\Delta x \to 0} \frac{3ax^2\Delta x + 3ax\Delta x^2 + a\Delta x^3}{\Delta x}$$

$$= \lim_{\Delta x \to 0} (3ax^2 + 3ax\Delta x + a\Delta x^2) = 3ax^2 \implies \underline{(x^3)' = 3x^2} \text{ 과 일치}$$

n차함수의 기본 공식

결국 높은 차수의 도함수를 계산하면

$$(x^n)' = \lim_{\Delta x \to 0} \frac{(x^n + nx^{n-1}\Delta x + \Delta x^2 \times \langle \text{나머지 식} \rangle) - x^n}{\Delta x}$$

$$= \lim_{\Delta x \to 0} (nx^{n-1} + \Delta x \times \langle \text{나머지 식} \rangle)$$

이 되어, Δx가 극한을 향하면 $\underline{(x^n)' = nx^{n-1}}$과 일치〉한다. ※상세한 증명은 생략

미분계수는 기울기에 지나지 않아

복잡한 오차함수

$$f(x) = x^5 + 2x^4 + 3x^3 + 4x^2 + 5x + 6$$
$$f'(x) = 5x^4 + 8x^3 + 9x^2 + 8x + 5$$

차수가 높아도 $f'(x)$는 곡선상의 각 점에서의 접선의 기울기에 지나지 않는다. (x에 대한 y의 비율)

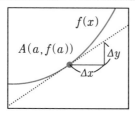

$f'(a) = \lim_{\Delta x \to 0} \dfrac{\Delta y}{\Delta x}$ 이므로,

$f'(a) > 0$이면 그래프는 상승곡선

$f'(a) < 0$이면 그래프는 하강곡선

미분 기호

적절히 구분해 사용하면 편리한 기호들

같은 의미를 지니는 각각의 기호에 적합한 역할이 있다

함수 $y=f(x)$를 x에 대해 미분하면 다음과 같다.

$$y'=\frac{dy}{dx}=\lim_{\Delta x\to 0}\frac{f(x+\Delta x)-f(x)}{\Delta x}=f'(x)$$

이는 오른쪽 그림과 같이 매우 다양한 기호로 나타낼 수 있다. 지금까지 무의식중에 사용하고 있던 것도 포함해 순서대로 살펴보자.

' ′ '가 붙으면 미분한다는 뜻이고, ' ′′ '는 두 번 미분한다는 뜻이다.

'$\frac{dy}{dx}$'의 dx는 Δx가 0으로 가까이 갈 때의 극한값을 말하며 dy는 dx에 종속된 변화량의 극한값의 비이다.

'$\frac{dy}{dx}=\frac{d}{dx}f(x)$'는 굳이 설명하지 않아도 대강 이해할 수 있을 것이다. $y=f(x)$이므로 해당 부분만 변형한 것이다.

이 dx, dy의 표기법은 적분에서도 등장하므로 의미와 함께 잘 기억해두자.

'$\lim_{\Delta x\to 0}\frac{f(x+\Delta x)-f(x)}{\Delta x}$'는 미분 도함수의 정의, 즉 극한에서 미분계수의 내용을 나타낸 것으로, '$\lim_{\Delta x\to 0}\frac{\Delta y}{\Delta x}$'는 $\Delta y=f(x+\Delta x)-f(x)$라 인식하고 이를 도함수 식에 적용한 것이다.

이처럼 같은 미분을 나타내는 데에도 다양한 표현방법이 존재하며, 각각의 표기법에 따라 간단하게 혹은 상세하게 표기할 수 있는 만큼 상황에 따라 적절히 구분해서 쓰면 좋다.

미분의 다양한 표기법

$$y' = f'(x) = \frac{dy}{dx} = \frac{d}{dx}f(x)$$

$$= \lim_{\Delta x \to 0}\frac{f(x+\Delta x)-f(x)}{\Delta x} = \lim_{\Delta x \to 0}\frac{\Delta y}{\Delta x}$$

➡ 모두
같은 의미

---

1 **′**
(대시)

한 번 미분한 것을 나타낸다.　　※ ‘ ′′ ’는 두 번 미분

例 $y' = f'(x), (2x)'$

➡ 간단히 표기하고 싶을 때 사용

---

2 $\dfrac{dy}{dx}$

끝없이 작은 x로 끝없이 작은 y를 나눈다는 의미

例 $\dfrac{dy}{dx} = \dfrac{d}{dx}f(x)$　　※ $y = f(x)$

➡ 미분의 자세한 내용을 확인하고 싶을 때 사용

Δx와 dx

d는 Δ의 머리글자로, $dx = \lim\limits_{\Delta x \to 0} \Delta x$,
즉 dx는 끝없이 작은 x과 비슷한 이미지

---

3 $\lim\limits_{\Delta x \to 0}$

극한을 이용한 미분의 도함수

例 $\lim\limits_{\Delta x \to 0}\dfrac{f(x+\Delta x)-f(x)}{\Delta x} = \lim\limits_{\Delta x \to 0}\dfrac{\Delta y}{\Delta x}$　　※ $\Delta y = f(x+\Delta x)-f(x)$

➡ 극한을 나타내고 싶을 때 사용

상황에 맞춰 적절히 구분해 사용하자

거리와 속도와 시간의 관계 ①

온천까지 어느 정도의 속도로 달리면 좋을까?

자동차의 속도 미터는 평균 속도를 나타내는 것이 아니다

이번에는 딱딱한 기호나 함수에서 눈을 돌려 느긋한 온천으로 떠나보자.

예약한 온천은 집에서 대략 60km 정도 떨어진 교외에 있다. 시간은 고속도로를 탈 경우 한 시간이면 도착한다.

이때 자동차는 어느 정도의 속도로 달리면 될까? 한 시간에 60km이므로 시속 60km 정도일까? 그러나 그 정도라면 굳이 고속도로를 타지 않아도 될 것이다. 자동차의 속도 미터는 현재 속도 그대로 한 시간을 달리면 몇 km를 이동할 수 있는지를 나타내는 순간속도이다. 실제로는 정지 상태부터 시작하여 도중에 속도가 오르락내리락하며 도착하는 것이므로 더 빠르거나 혹은 더 느릴 때도 있는 것이다.

시간과 주행거리를 생각해보자

실제로 온천에 갈 때 어떤 식으로 거리를 이동할지 지도를 보면서 적어보자.

- 고속도로를 타고 가다 온천에서 45km 앞 출구로
- 출구 가까이의 휴게소에서 핫도그를 먹으며 휴식
- 일반도로를 15km 정도 달려 온천 도착

이렇게 한 시간 동안 주행하여 온천에 도착한다. 이때 시간과 거리를 그래프로 나타내면 오른쪽 그림과 같다.

속도란 애당초 시간당 이동하는 거리이다. 즉 이 거리와 시간 그래프의 기울기가 시시각각 자동차의 순간 속도를 나타내고 있다. 이제 아무래도 미분이 나설 차례인 듯하다.

자동차의 속도와 거리 관계

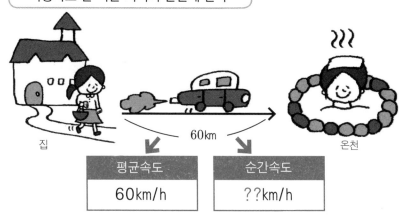

자동차로 한 시간 거리의 온천에 간다

60km

집   온천

평균속도	순간속도
60km/h	??km/h

거리와 시간에 대해 생각해보자

① 고속도로를 타고 가다 온천에서 45km 앞 출구로 ➡ 30분
② 휴게소에서 휴식 ➡ 15분
③ 일반도로를 15km 정도 달려 온천 도착 ➡ 15분

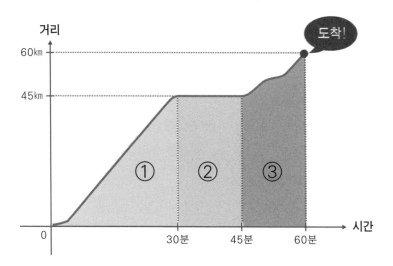

거리와 속도와 시간의 관계 ②
온천까지의 속도는 변화무쌍

거리를 시간으로 미분하면 속도가 된다

자동차로 한 시간 주행하여 온천에 갈 때 시간과 거리는 오른쪽 그림과 같다. 시간에 대한 주행거리의 비율이 속도이므로, 이 그래프의 기울기가 그 순간의 자동차 속도를 나타내고 있는 것이다. 즉 거리를 시간으로 미분하면 속도가 된다. 고속도로에서 100km/h, 일반도로에서 60km/h로 주행하는 것을 그래프로 나타내면 오른쪽 아래와 같다.

고속도로에 진입한 후 속도는 100km/h까지 올라간다. 그리고 그 속도를 유지하면서 약 30분간 주행한 뒤 45km 앞의 출구 부근까지 신호도 없이 계속 100km/h로 달리므로 속도의 그래프는 직선이 된다. 출구 부근의 휴게소에서 멈추면 속도는 0km/h로 x축에 접한다. 그리고 일반도로를 약 60km/h로 15분간 달려 도착한다. 중간의 V자는 신호 대기로 보인다. 그 뒤 다시 60km/h로 주행하여 온천에 도착한다. 이와 같이 시간에 대한 거리 그래프의 기울기는 속도의 그래프가 된다.

거리의 순간 변화량은 다름 아닌 속도이다

앞서 미분은 '순간의 변화량을 구하는 것'이라는 사실을 살펴보았다. 즉 거리의 순간 변화량은 속도이다. 일반 자동차가 아닌 $F1$ 레이스에 대해 주행거리와 속도, 코스의 위치 등으로 그래프로 만들면 매우 흥미로운 결과가 얻어질 것이다. 물론 이때 활약하는 주인공은 미분이다.

거리와 속도의 관계

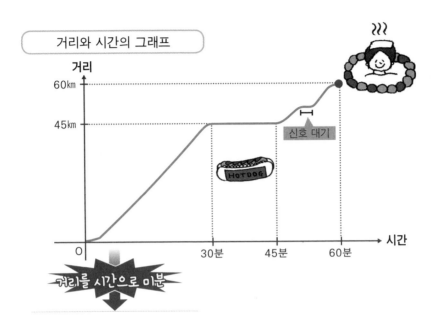

거리와 시간의 그래프

거리

60km

45km

O   30분   45분   60분   시간

신호 대기

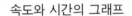

거리를 시간으로 미분

속도와 시간의 그래프

속도

100km/h

60km/h

신호 대기

O   30분   45분   60분   시간

| 속도 | SA | 일반도로 |

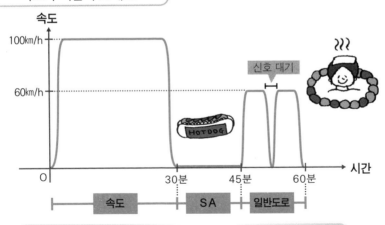

거리를 시간으로 미분하면
순간의 변화량으로서 속도가 구해진다!

거리와 속도와 시간의 관계 ③

액셀러레이터로 가속, 브레이크로 감속

속도를 시간으로 미분하면 가속도가 된다

앞서 거리를 시간으로 미분하면 속도가 된다는 사실을 살펴보았다. 그럼 속도를 시간으로 미분하면 무엇이 구해질까?

정답은 순간의 속도 변화량, 즉 가속도이다. 1장(20쪽)에서 예로 든, 전철이 정차할 때 몸이 느끼는 흔들림을 떠올려보자. 90km/h로 달리던 전철이 마지막 1분 동안 정차, 즉 0km/h가 되기 위해서는 1초에 1.5km/h씩 감속해야 한다. 보통 기관사는 전철이 승강장에 진입하여 완전히 멈추기까지의 몇 초 동안 능숙하게 속도를 늦추지만, 승객들은 이따금씩 심한 흔들림을 느껴 손잡이를 잡기도 한다. 브레이크를 강하게 밟아 급격히 감속하기 때문이다. 물론 이 경우는 감속, 즉 속도가 떨어지고 있으므로 가속도는 음의 값을 지닌다.

속도의 그래프를 보면 급발진과 급정차가 구분된다

그럼 바로 앞 쪽에서 살펴본 온천 이야기로 돌아가보자. 자동차의 가속도는 액셀러레이터를 밟으면 높아지고 브레이크를 밟으면 줄어든다. 그리고 일부러 브레이크를 밟지 않아도 속도는 자연스레 조금씩 줄어든다.

시간과 속도의 그래프를 미분하면 가속도가 구해지지만, 이 경우는 엑셀러레이터나 브레이크에 의한 단 몇 초간의 감속이므로 그래프가 매우 다양하다.

목적지 도착 전 마지막 15분간을 생각해보자. 처음엔 급발진하고 신호대기로 급브레이크를 밟은 후 이때부터 천천히 안전운전을 했다고 하자. 이 두 번의 발진과 정차의 순간을 확대한 속도-가속도의 그래프는 오른쪽과 같다.

몸이 느끼는 가속도의 그래프

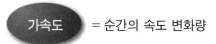

가속도 = 순간의 속도 변화량

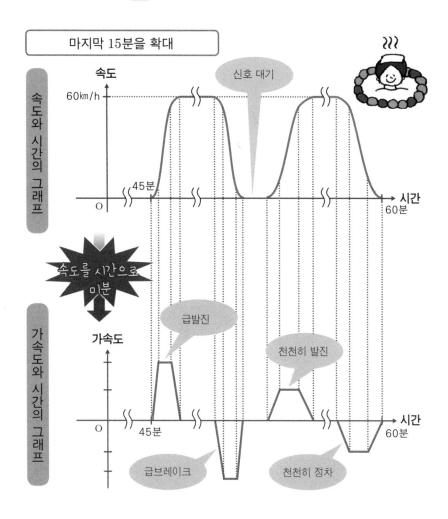

속도를 시간으로 미분하면 순간의 변화량으로
가속도를 구할 수 있다!

이차함수의 미분 ①

미분계수는 중요한 힌트

이차함수를 미분하면 꼭짓점을 간단히 알 수 있다

56쪽에서 설명한 것처럼 이차함수의 곡선은 위로 볼록하거나 아래로 볼록하며, 꼭짓점은 완전제곱 꼴을 만들어 구했었다. 모처럼 미분을 배웠으니 이번에는 아래와 같은 이차함수를 미분하여 분석해보자.

$$y = -\frac{x^2}{2} + x + \frac{5}{2} \qquad y' = -x + 1$$

꼭짓점은 볼록한 곡선의 맨 끝을 말하므로 기울기는 x축과 평행, 즉 0이다. 따라서 $y' = 0$을 대입하면 $x = 1$이 된다. 이것이 꼭짓점의 x좌표이므로, y의 식에 대입하면 $y = 3$이 되어 꼭짓점의 좌표가 (1, 3)임을 알 수 있다. 미분계수가 0이 되는 x를 구하기만 하면 되므로 완전제곱 꼴로 만들지 않아도 간단히 꼭짓점을 구할 수 있다.

위로 볼록하거나 아래로 볼록한 이차함수는 꼭짓점 부분에서 y가 최댓값 혹은 최솟값을 갖는다. 함수에 나타나는 현상들을 분석할 때 최댓값과 최솟값은 매우 중요한 존재로, 꼭짓점을 간단히 이해할 수 있으니 아주 편리하다.

위로 볼록한지 아래로 볼록한지는 미분계수가 말해준다

제2장에서 이차함수는 $y = ax^2 + bx + c$의 계수 a로부터 위아래 중 어느 쪽으로 볼록한지를 알 수 있다고 설명했다. 그 이유는 미분을 통해 이해할 수 있다. 미분하면 $y' = 2ax + b$이므로 y'의 기울기 a가 양(+)일 경우 꼭짓점 $y' = 0$ 부근에서 오른쪽으로 하강하는 접선이 오른쪽으로 상승하는 접선으로 변화하여 아래로 볼록한 곡선을 그리게 된다.

이차함수의 꼭짓점을 미분으로 구한다

꼭짓점의 접선 기울기는
x축과 평행하여 0이다.

미분

$$y = -\frac{x^2}{2} + x + \frac{5}{2} \qquad \cdots ①$$

$$y' = -x + 1 \qquad \cdots ②$$

$y'=0$을 ②에 대입하면

$$0 = -x + 1 \implies x = 1$$

$x=1$을 ①에 대입하면

$$y = -\frac{1^2}{2} + 1 + \frac{5}{2} = 3$$

따라서 ①의 꼭짓점의 좌표는 $(1, 3)$

미분계수로부터 그래프의 형태를 알 수 있다

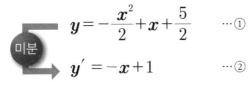

$$y = ax^2 + bx + c \quad \xrightarrow{\text{미분}} \quad y' = 2ax + b$$

$a > 0$

각 점에서의 접선의 기울기가
단조증가하므로 계곡 모양!

아래로 볼록

$a < 0$

각 점에서의 접선의 기울기가
단조감소하므로 산 모양!

위로 볼록

이차함수의 미분 ②

그래프를 통해 파악할 수 있는 미분의 의미

함수와 도함수의 밀접한 관계를 알아보자

앞서 미분을 이용하면 꼭짓점이 쉽게 구해진다는 사실을 알아보았다. 이번에는 다음 이차함수에 대하여, 다른 각도에서 y와 y'를 살펴보자.

$$y = 2x^2 + 4x \qquad\qquad y' = 4x + 4$$

$y' = 0$일 때 $x = -1$이고 $y = -2$이므로 꼭짓점은 $(-1, -2)$가 된다. 이때 y축과 y'축을 같은 좌표평면에 함께 그려보면 오른쪽 그림과 같이 된다. 둘의 관계가 한눈에 보이는가?

두 그래프를 비교하며 관계를 상상해보자. y'는 기울기를 나타내므로 x축과 만나 $y' = 0$이 되는 순간이 y에게 매우 중요한 변화를 뜻한다는 사실 등을 직감적으로 알 수 있을 것이다.

몇 개의 접선을 가지고 이차함수를 그려본다

이차함수 그래프를 그릴 때는 꼭짓점을 지나는 좌우대칭의 곡선을 적당히 그리는 수밖에 없다. 모처럼 접선의 기울기를 알 수 있게 되었으니, $y = -\dfrac{1}{2}x^2 + x + \dfrac{5}{2}$에 대해 꼭짓점의 좌표를 중심으로 좌우에 각각 약 세 점 $f'(-3) = 4$, $f'(-1) = 2$, $f'(0) = 1$, $f'(2) = -1$, $f'(3) = -2$, $f'(5) = -4$와 접선의 기울기를 구해보자. 이 접선을 그리면 오른쪽 그림과 같다. 따라서 미분으로 구한 접선의 기울기가 제대로 곡선의 경로를 안내해준다는 사실을 알 수 있다. 한편 곡선 위의 모든 점에 접선을 그으면 그물과 같이 접선으로 둘러싸인 아름다운 선(포락선)으로 이차함수를 그릴 수 있다.

y와 y'를 겹쳐보자

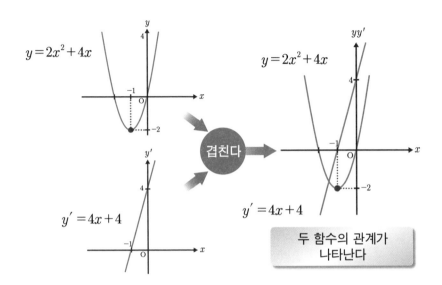

$y=2x^2+4x$

$y'=4x+4$

겹친다

$y=2x^2+4x$

$y'=4x+4$

두 함수의 관계가
나타난다

접선의 기울기로 이차함수의 곡선 확인

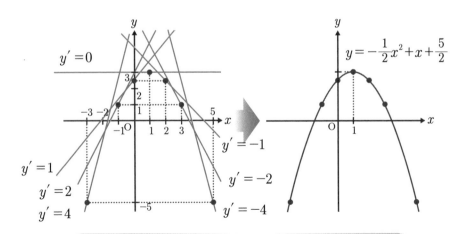

$y'=0$

$y'=1$

$y'=2$

$y'=4$

$y'=-1$

$y'=-2$

$y'=-4$

$y=-\dfrac{1}{2}x^2+x+\dfrac{5}{2}$

미분으로 구한 접선의 기울기대로 곡선이 그려진다

커다란 울타리를 만든다

한정된 재료를 위한 미분

이차함수로 울타리의 면적을 나타낼 수 있다

40m나 되는 금속 체인을 사용해 사각형의 울타리를 만들려고 한다. 울타리 안에 가능한 한 많은 사람들을 들어가게 하려면 어떤 사각형의 면적이 가장 클지를 생각해보자. 한 변의 길이를 x라 하면 맞은편 변의 길이도 x이므로, 양 변의 길이는 오른쪽 계산과 같이 $20-x$가 된다. 즉 이 울타리의 면적은,

$$울타리의\ 면적 = x \times (20-x) = 20x - x^2$$

으로 나타낼 수 있다. 이때 면적을 y라 하고, x의 함수라 생각하면 이차함수가 된다. 이 x를 적절히 설정하여 y의 최댓값을 구하면 되는 것이다. 이차함수의 그래프를 생각해보면 x^2의 계수가 음$(-)$이므로 위로 볼록한 곡선을 그리게 된다. 그렇다면 최댓값을 구할 수 있지 않을까?

이때 꼭짓점의 좌표를 구하기 위해 y를 미분하면,

$$y' = -2x + 20$$

이 된다. 기울기가 0이면 꼭짓점이라는 뜻이므로 $y'=0$일 때 $x=10$이다. 또 $x=10$일 때 $y=100$이므로 꼭짓점은 $(10, 100)$이다. 따라서 면적 y의 그래프는 오른쪽과 같다. 따라서 한 변의 길이 x가 10m가 될 때까지는 순조롭게 면적이 커지고, 10m을 넘으면 반대로 작아진다.

한편 x는 한 변의 길이이고 y는 면적이므로 x와 y는 모두 0 이상이다. 이 범위에서는 꼭짓점의 좌표에 해당하는 x값, y값 즉 한 변의 길이가 10m일 때 면적이 100㎡으로 최대가 된다.

이차함수로 나타낼 수 있는 면적의 최댓값

문제 40m의 체인으로 큰 울타리를 만들기 위해서는?

40m의 체인

큰 울타리

사각형의 한 변의 길이를 x라 하면, 다른 한변의 길이는

$(40-2x) \div 2 = \underline{20-x}$

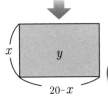

면적 y가 x의 이차함수라 생각하면,

미분

$y = x(20-x) = -x^2 + 20x$

$y' = -2x + 20$

꼭짓점의 좌표를 구하면 되므로
$y' = 0$이라 하면,

$$x = 10$$

따라서

$$y = 100$$

➡ 꼭짓점$(10, 100)$

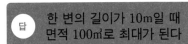

답 한 변의 길이가 10m일 때
면적 100㎡로 최대가 된다

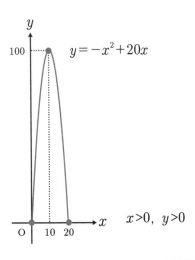

$y = -x^2 + 20x$

$x > 0, \ y > 0$

적의 미분과 분수함수의 미분

계산을 돕는 편리한 테크닉

함수끼리의 곱셈을 손쉽게 미분하는 공식

$g(x) \times h(x)$ 등의 곱셈이 전개되지 않은 함수를 통째로 손쉽게 미분하는 테크닉이 있다. 바로 적의 미분 공식인데, 다음과 같이 간단하다.

$$\{g(x)h(x)\}' = g'(x)h(x) + g(x)h'(x)$$

오른쪽처럼 도함수를 구하는 식으로부터 전개하면 결국 이 단순한 법칙에 따른다는 사실을 알 수 있다.

예를 들어 $y = (x^3 + 7x)(-3x^2 + 6)$과 같이 전개만으로도 복잡하고 어려운 식을 미분할 경우, 오른쪽과 같이 공식을 이용하면 하나하나 전개하고 나서 계산을 하지 않고도 미분이 가능한 것이다.

분수함수를 손쉽게 미분하는 공식

위에서 살펴본 적의 미분 공식처럼 분수함수 미분에 편리한 미분 공식이 있다.

$$\left\{\frac{h(x)}{g(x)}\right\}' = \frac{h'(x)g(x) - h(x)g'(x)}{g(x)^2}$$

이 또한 오른쪽과 같이 도함수를 구하는 식으로부터 전개하면 귀찮은 계산식을 정리한 끝에 공식과 같은 결과를 얻을 수 있다.

예를 들어 $y = \frac{x^2 + 2x + 5}{x^2}$ 의 경우 오른쪽과 같이 공식에 적용하기만 하면 귀찮은 약분 등을 생략하고 계산할 수 있다. 물론 이 공식이 아니더라도 분모의 지수가 -1이라 생각하면 적의 미분 공식을 이용해 풀 수도 있다. 그러나 오른쪽 계산을 보고 이해했다면 공식을 외워버리는 편이 속편하다.

도함수로부터 도출되는 미분 공식들

적의 미분 공식

$$\{g(x)h(x)\}' = \lim_{\Delta x \to 0} \frac{g(x+\Delta x)h(x+\Delta x) - g(x)h(x)}{\Delta x}$$

$$= \lim_{\Delta x \to 0} \frac{g(x+\Delta x)h(x+\Delta x) - g(x)h(x+\Delta x) + g(x)h(x+\Delta x) - g(x)h(x)}{\Delta x}$$

$$= \lim_{\Delta x \to 0} \frac{\{g(x+\Delta x) - g(x)\}h(x+\Delta x) + g(x)\{h(x+\Delta x) - h(x)\}}{\Delta x}$$

$$= \left\{ \lim_{\Delta x \to 0} \frac{g(x+\Delta x) - g(x)}{\Delta x} \right\} \times \lim_{\Delta x \to 0} h(x+\Delta x) + g(x) \times \left\{ \lim_{\Delta x \to 0} \frac{h(x+\Delta x) - h(x)}{\Delta x} \right\}$$

$$= g'(x)h(x) + g(x)h'(x)$$

공식

예) $\{(x^3+7x)(-3x^2+6)\}' = (x^3+7x)'(-3x^2+6) + (x^3+7x)(-3x^2+6)'$
$$= (3x^2+7)(-3x^2+6) + (x^3+7x)(-6x)$$

분수함수의 미분 공식

$$\left\{ \frac{h(x)}{g(x)} \right\}' = \lim_{\Delta x \to 0} \frac{\dfrac{h(x+\Delta x)}{g(x+\Delta x)} - \dfrac{h(x)}{g(x)}}{\Delta x}$$

$$= \lim_{\Delta x \to 0} \left\{ \frac{1}{g(x+\Delta x)g(x)} \cdot \frac{h(x+\Delta x)g(x) - h(x)g(x+\Delta x)}{\Delta x} \right\}$$

$$= \lim_{\Delta x \to 0} \frac{1}{g(x+\Delta x)g(x)} \times \lim_{\Delta x \to 0} \frac{h(x+\Delta x)g(x) - h(x)g(x) + h(x)g(x) - h(x)g(x+\Delta x)}{\Delta x}$$

$$= \frac{1}{g(x)^2} \times \lim_{\Delta x \to 0} \frac{\{h(x+\Delta x) - h(x)\}g(x) + h(x)\{g(x) - g(x+\Delta x)\}}{\Delta x}$$

$$= \frac{1}{g(x)^2} \times \left\{ g(x) \times \lim_{\Delta x \to 0} \frac{h(x+\Delta x) - h(x)}{\Delta x} - h(x) \times \lim_{\Delta x \to 0} \frac{g(x+\Delta x) - g(x)}{\Delta x} \right\}$$

$$= \frac{h'(x)g(x) - h(x)g'(x)}{g(x)^2}$$

공식

예) $\left(\dfrac{x^2+2x+5}{x^2} \right)' = \dfrac{(x^2+2x+5)'x^2 - (x^2+2x+5)(x^2)'}{(x^2)^2}$
$$= \frac{(2x+2)x^2 - (x^2+2x+5)2x}{x^4}$$

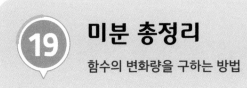

19 미분 총정리
함수의 변화량을 구하는 방법

극한을 이용해 그래프의 기울기를 계산한다는 것

미분을 이해하기 위해서는 아래의 세 가지 개념이 필요하다.

① 함수에 대한 지식　　② 그래프 기울기의 개념　　③ 극한에 대한 지식

이 개념을 바탕으로 직선뿐만 아니라 곡선을 그리는 함수의 기울기도 알 수 있다. 앞에서 곡선 위의 한 점에서의 접선의 기울기에 대해 알아보았다. 곡선 $y=f(x)$의 x의 각 값에 해당하는 점에서의 접선의 기울기가 대응하는 함수를 식으로 나타내면 다음과 같다.

$$f'(x) = \lim_{\Delta x \to 0} \frac{f(x+\Delta x)-f(x)}{\Delta x}$$

이것을 도함수라 하며, 미분한다는 것은 이 도함수를 구하는 것을 말한다.

한편 $x=a$에서의 $y=f(x)$의 미분계수, 즉 점 $(a, f(a))$에서의 접선의 기울기는 $f'(x)$식에 $x=a$를 대입한 값이 된다.

이렇게 기울기가 구해지면, 시간으로 미분해 순간의 변화량을 구할 수도 있다. 시간과 거리의 관계로부터 속도가, 속도와 시간의 관계로부터 가속도가 구해지는 것이다. 또한 완전제곱 꼴로 만들어 구했던 이차함수의 꼭짓점도 미분해 기울기 $y'=0$의 x를 구하기만 하면 간단히 알 수 있다.

이처럼 함수에 나타나는 현상들은 미분을 이용해 상세한 변화량을 구해 분석할 수 있다.

총정리 미분의 기초부터 활용까지

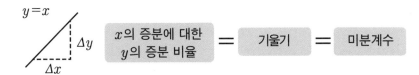

$y=x$

x의 증분에 대한 y의 증분 비율 = 기울기 = 미분계수

미분=도함수를 구하는 것

도함수

$$f'(x) = \lim_{\Delta x \to 0} \frac{f(x+\Delta x) - f(x)}{\Delta x}$$

도함수의 계산결과로부터 도출된다

미분의 기본 공식

$$(x^n)' = nx^{n-1} \qquad (a)' = 0 \ (a: 상수)$$

간단하고 편리한 미분 ♪

미분의 활용

• 거리와 속도와 가속도의 관계
• 이차함수의 꼭짓점
• 이차함수의 최댓값, 최솟값… 등

다음 함수의 도함수를 이용해, $x=3$에서의 접선의 방정식을 구하여라.

$$y = x^2 - 2x + 1$$

해답

① 미분으로부터 꼭짓점을 구한다.

$$f'(x) = 2x - 2$$

$$0 = 2x - 2 \Leftrightarrow x = 1$$

$$f(1) = 1 - 2 + 1 = 0$$

➡ 꼭짓점 $(1, 0)$

② 접선이 지나는 점을 구한다.

$$f(3) = 4 \quad \Longrightarrow \quad (3, 4)를\ 지난다.$$

③ 접선의 기울기를 구한다.

$$f'(3) = 2 \times 3 - 2 = 4$$

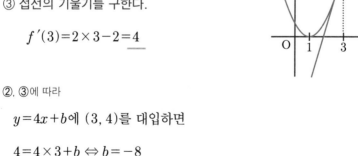

②, ③에 따라

$y = 4x + b$에 $(3, 4)$를 대입하면

$$4 = 4 \times 3 + b \Leftrightarrow b = -8$$

따라서 $x=3$에서의 접선의 방정식은,

$$y = 4x - 8$$

다음 함수를 미분하여라.

❶ $y = -x^5 - \dfrac{1}{4}x^3 + 8x + 10$

❷ $y = \sqrt{x}$

❸ $y = x^{10} + \dfrac{1}{\sqrt{x}}$

❹ $y = (2x^4 - 3x^2)(x+1)$

❺ $y = \dfrac{2x^4 - x^2 - 1}{x+3}$

해답 ❶

$y = -x^5 - \dfrac{1}{4}x^3 + 8x + 10$ 을 미분한다.

$y' = \left(-x^5 - \dfrac{1}{4}x^3 + 8x + 10 \right)'$

$(x^n)' = nx^{n-1}$ 에 따라

$= -5x^4 - \dfrac{3}{4}x^2 + 8$

$y = \sqrt{x}$ 를 미분한다

$x^{\frac{1}{2}} = \sqrt{x}$

$$y' = (\sqrt{x}\ )' = \left(x^{\frac{1}{2}} \right)'$$

n이 정수가 아니어도 성립

$(x^n)' = nx^{n-1}$ 에 따라

$$= \frac{1}{2} x^{\frac{1}{2}-1} = \frac{1}{2} x^{-\frac{1}{2}} = \frac{1}{2\sqrt{x}}$$

$x^{-1} = \dfrac{1}{x}$

$y = x^{10} + \dfrac{1}{\sqrt{x}}$ 를 미분한다

$$y' = \left(x^{10} + \frac{1}{\sqrt{x}} \right)' = (x^{10})' + \left(\frac{1}{\sqrt{x}} \right)'$$

$$= (x^{10})' + \left(x^{-\frac{1}{2}} \right)'$$

$x^{-1} = \dfrac{1}{x}$

$x^{\frac{1}{2}} = \sqrt{x}$

$(x^n)' = nx^{n-1}$ 에 따라

$$= 10x^9 - \frac{1}{2} x^{-\frac{3}{2}} = 10x^9 - \frac{1}{2\sqrt{x^3}}$$

$y = (2x^4 - 3x^2)(x+1)$를 미분한다

$y' = \{(2x^4 - 3x^2)(x+1)\}'$

$\{g(x)h(x)\} = g'(x)h(x) + g(x)h'(x)$ 에 따라

$\quad = (2x^4 - 3x^2)'(x+1) + (2x^4 - 3x^2)(x+1)'$

$\quad = (8x^3 - 6x)(x+1) + (2x^4 - 3x^2)$

$\quad = 10x^4 + 8x^3 - 9x^2 - 6x$

$y = \dfrac{2x^4 - x^2 - 1}{x+3}$ 를 미분한다

$y' = \left(\dfrac{2x^4 - x^2 - 1}{x+3} \right)'$

$\left\{ \dfrac{h(x)}{g(x)} \right\}' = \dfrac{h'(x)g(x) - h(x)g'(x)}{g(x)^2}$ 에 따라

$\quad = \dfrac{(2x^4 - x^2 - 1)'(x+3) - (2x^4 - x^2 - 1)(x+3)'}{(x+3)^2}$

$\quad = \dfrac{(8x^3 - 2x)(x+3) - (2x^4 - x^2 - 1)}{(x+3)^2}$

$\quad = \dfrac{6x^4 + 24x^3 - x^2 - 6x + 1}{(x+3)^2}$

게 요리 무한리필로 알아보는
한계효용 체감의 법칙

미분·적분은 수학뿐만 아니라 경제학에서도 이용한다. 효용함수에 '한계효용 체감의 법칙'이라는 개념이 있다. 어렵게 들리지만 여러분도 한번쯤은 이런 경험을 해본 적이 있을 것이다.

식당에서 〈게 요리 무한리필〉 코스를 주문했다. 이 경우 첫 한 접시의 만족도는 상당히 높다. 그러나 두 접시, 세 접시……로 늘어나면 어떻게 될까? 점점 만족도(효용)가 낮아져, 마지막에 가서는 '더 이상 못 먹겠다'고 하게 될 것이다. 이것이 '한계효용 체감의 법칙'이다.

효용함수는 재화(여기서는 게)를 통해 얻어지는 만족도로, 이것이 게의 양 x로 정해진다고 생각하면 효용은 x의 함수가 된다. 한계효용이란 게를 한 접시 더 먹었을 때 늘어나는 만족도(효용)의 양이며, 효용함수는 아래 그림의 포물선과 같은 곡선으로 나타낼 수 있다. 즉 한계효용이란 효용함수를 게의 소비량으로 미분한 것이다. 게가 0접시에서 1접시로 늘어났을 때, 그리고 3접시에서 4접시로 늘어났

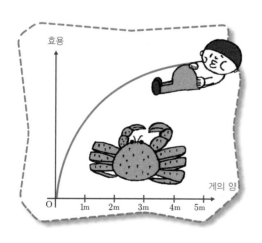

을 때의 기울기를 비교하면 후자의 기울기가 더욱 완만하다. 즉 게의 양이 늘어나는 만큼 그로부터 얻어지는 만족도는 줄어든다는 것이다.

하면 된다!

알고 나면 쉬운
적분

적분의 계산
미분을 이용한 적분의 계산

미분을 역산하면 적분이 된다

이번 장부터 드디어 적분에 대해 배우기로 한다. 그런데 본격적으로 시작하기 전에 먼저 아래의 식을 적분해보자.

$$y = x^4 + 2x^3 + 4x^2 + 8x + 16 \quad \cdots ①$$

계산법을 잘 모르거나 잊어버렸다 해도 걱정할 필요 없다. 이 페이지를 모두 읽고 나면 확실히 이해할 수 있을 것이다. 미분에 비하면 약간 까다롭지만 적분의 계산도 어려운 판단 없이 기계적으로 계산할 수 있기 때문이다. 적분 공식은 미분의 기본 공식 $(x^n)' = nx^{n-1}$을 역산하기만 하면 된다. 적분은 사실 미분의 반대로 미분한 것을 적분하면 원래대로 돌아간다. 즉 nx^{n-1}을 적분하면 x^n으로 돌아가는 것이다. 이는 곧 nx^{n-1}을 적분한 식은 미분하면 x^n이 된다는 뜻이므로,

$$x^n \quad \boxed{적분} \!\!\! \Rightarrow \quad \frac{1}{n+1} x^{n+1}$$

이 된다. 이는 틀림없이 $\left(\frac{1}{n+1} x^{n+1} \right)' = x^n$이다.

그런데 이때 하나 더 기억해야 할 사실은 이 식에 상수 C를 더해야 된다는 것이다. 상수의 경우 미분을 해도 0이 되기 때문이다. 예를 들어 $\left(\frac{1}{n+1} x^{n+1} + C \right)' = x^n$이다. 이 상수 C 를 적분상수라 한다(뒤에서 더욱 자세히 설명하기로 한다). 그럼 ①을 적분해보자.

$$①의 적분 = \frac{1}{5} x^5 + \frac{1}{2} x^4 + \frac{4}{3} x^3 + 4x^2 + 16x + C$$

적분의 계산도 별 거 아니라는 사실을 알 수 있을 것이다.

단순한 적분의 계산 패턴

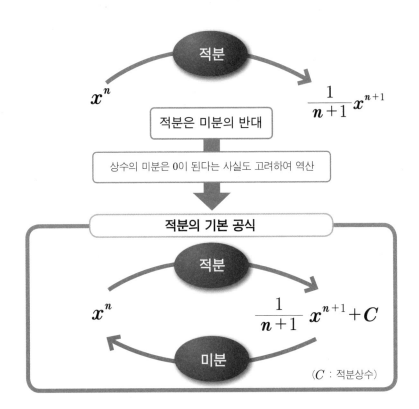

적분

$$x^n \quad \xrightarrow{\text{적분}} \quad \frac{1}{n+1}x^{n+1}$$

> 적분은 미분의 반대

> 상수의 미분은 0이 된다는 사실도 고려하여 역산

적분의 기본 공식

$$x^n \quad \overset{\text{적분}}{\underset{\text{미분}}{\rightleftarrows}} \quad \frac{1}{n+1}x^{n+1}+C$$

(C : 적분상수)

예제

$$y= \quad x^4 \quad + \quad 2x^3 \quad + \quad 4x^2 \quad + \quad 8x \quad + 16$$

적분

〈y의 적분〉

$$= \boxed{\frac{1}{4+1}x^{4+1}} + \boxed{2 \times \frac{1}{3+1}x^{3+1}} + \boxed{4 \times \frac{1}{2+1}x^{2+1}} + \boxed{8 \times \frac{1}{1+1}x^{1+1}} + \boxed{16x} + C$$

$$= \frac{1}{5}x^5 + \frac{1}{2}x^4 + \frac{4}{3}x^3 + 4x^2 + 16x + C$$

적분의 계산도 어렵지 않다!

2 적분이란?
이미지를 연상하기 쉬운 적분의 개념

작은 것을 합하여 전체량을 구한다

제1장에서 플립북을 예로 들며 설명한 것처럼 '적분한다'는 것은 '전체량을 구한다'는 뜻이다. 플립북의 경우 한 장 한 장의 그림을 겹겹이 쌓는 것처럼 적분 역시 미세한 부품을 합하여 전체량을 구하는 것이다.

적분 개념의 특성을 잘 나타내는 법칙이 하나 있다. 밑변 10㎝, 높이 10㎝인 정사각형과 밑변 10㎝, 높이 10㎝인 평행사변형의 면적은 같다는 것이다. 이는 평행사변형을 밑변에 평행한 방향으로 작게 자르면 자를수록 완벽한 정사각형을 만들 수 있다는 사실로도 잘 알 수 있다.

또한 A4 복사용지 묶음의 부피는 복사용지가 흐트러지거나 옆으로 삐져나와도 탁탁 두드리며 정돈하면 원래대로 돌아오듯이, 전체의 부피는 변하지 않는다.

다시 말해 '면은 무한의 평행선이 모여 이루어진 것이고, 입체는 무한의 평행면이 모여 이루어진 것이다(카발리에리의 원리).' 그리고 평행사변형이나 복사용지의 예와 같이, 작게 나누어진 것들이 서로 같다면 이를 합한 전체량도 같다.

이것만 보면 카발리에리의 원리대로라면 어떤 형태든 면적을 구할 수 있을 듯하다. 그러나 실제로 끝없이 작게 자른 것을 세밀하게 측정하여 합하는 것은 불가능하므로, 어느 정도 작게 분할하여 대강의 면적을 끈기 있게 계산하는 수밖에 없다. 그리고 적분은 함수를 이용함으로써 끝없이 작게 나누어진 것을 합하여 정확(!)한 전체량을 구할 수 있게 했다.

적분의 원리

정사각형과 평행사변형

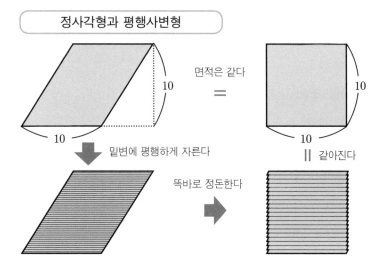

10

면적은 같다
=

10

10

밑변에 평행하게 자른다

똑바로 정돈한다

10

‖ 같아진다

면과 같은 종류의 종이 묶음

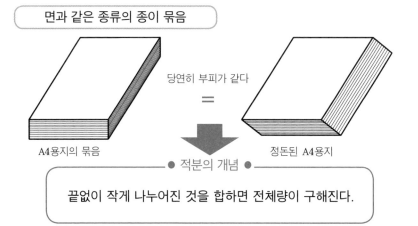

당연히 부피가 같다
=

A4용지의 묶음

정돈된 A4용지

● 적분의 개념 ●

끝없이 작게 나누어진 것을 합하면 전체량이 구해진다.

3 적분의 기호 ①

S자를 위아래로 늘인 인티그럴

∫이란 끝없이 작은 단위로 합하는 것!

적분의 기호는 $y=f(x)$를 x로 적분할 때,

$$\int f(x)dx$$

라 쓴다. 오른쪽의 dx는 98쪽에서 설명한 대로 끝없이 작은 x의 폭, 즉 $\lim\limits_{\Delta x \to 0} \Delta x$ 와 같은 의미이다.

그리고 이 꽈배기같이 생긴 기호 $\int$은 인티그럴이라 읽는다. S자를 늘인 듯한 이 모양은 '합계^{sum}'의 머리글자를 딴 것이다. 인티그럴^{integral}이라는 명칭 또한 영어로 '전체', '총체' 등의 의미를 지닌다. $\int$은 그 다음에 오는 것을 끝없이 합하여 전체량을 구한다는 뜻인 것이다.

또한 적분기호 속의 $f(x)dx$는 '$f(x) \times dx$'와 같은 의미로, 곱셈을 하는 관계를 의미한다. 즉 $f(x)$와 끝없이 작은 x를 곱한 것을, 이 x를 분할한 수만큼 합한다는 기호이다.

이 적분으로 구하려는 전체량이 면적이라면 dx는 끝없이 작은 폭이므로 폭이 없는 선에 가까워진다. 따라서 앞서 설명한 카발리에리의 원리는 '면은 평행선이 끝없이 모여 이루어진 것이다'라는 개념으로 전체량을 구하는 방법이었다.

한편 더하기 기호로 Σ라는 수학 기호가 있다. 그러나 그리스 문자 Σ는 정수를 합해나가는 계산에서 사용하는 기호이며 적분에서는 $\int$을 사용한다.

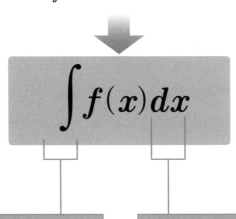

인티그럴이란

$f(x)$를 x로 적분한다.

$$\int f(x)\,dx$$

인티그럴

$$\int$$

'합계^{sum}'의 머리글자 S에
유래한, 합한다는 뜻

➡ '$f(x) \times dx$'를 끝없이
작게 나눈 dx의
수 만큼을 더한다는 것

디엑스

$$dx$$

$$dx = \lim_{\Delta x \to 0} \Delta x$$

$(\Delta x : x$의 폭$)$

➡ 끝없이 0에 가까운
아주 작은 x의 폭

$\int$ 은 적분 계산의 원리를
직감적으로 이해할 수 있도록 나타낸 기호!

적분의 기호 ②

기호의 의미를 그림으로 연상한다

선과 같은 사각형을 모아 전체량을 구한다

126쪽에서 적분기호를 살펴보았는데, 이번에는 그림을 통해 그 원리를 좀 더 쉽게 연상해보자.

제1장에서 적분을 이해하기 위해 경계가 구불구불한 호수의 면적을 구했었다. 이에 적분기호를 적용하면 오른쪽과 같다. dx는 끝없이 0에 가까워지는 작은 x의 폭이었으므로 호수는 최종적으로 작은 선의 모임이 된다.

$\int f(x)dx$의 '$f(x)dx$'는 곱셈을 뜻하므로 선과 같이 얇은 사각형의 면적을 구하는 것이다. 보통 오른쪽 그림과 같이 남는 부분이 생겨 반듯한 사각형은 아닐 테지만, 끝없이 나눈다는 개념이므로 점점 사각형에 가까워진다. 그리고 이를 모두 더하기 때문에 전체량으로서 호수의 면적이 구해지는 것이다.

x와 y는 곱셈을 해서 의미를 지니는 것!

다양한 전체량을 구하려 할 때 적분을 이용하는데, 아무것이나 무조건 x, y라 부르기만 하면 되는 건 아니다. 이 계산방법에 적용되는 특성이 없으면 안 되는 것이다. 이 특성이란 곱셈을 함으로써 구하려는 전체량이 나오는 x와 y여야 한다. 구체적으로는 면적의 경우 '가로'×'세로', 부피는 '단면적'×'높이', 거리는 '속도'×'시간' 등이다.

또한 계산의 실현성을 생각해보면 y를 x의 함수로 나타낼 수 있다는 사실도 빼놓을 수 없는 포인트이다.

기호를 보면 알 수 있는 적분의 원리

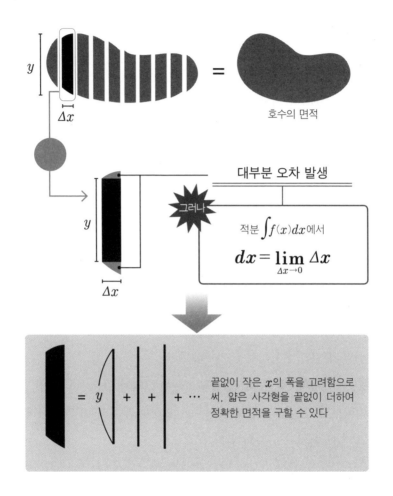

y

Δx

호수의 면적

대부분 오차 발생

그러나

적분 $\int f(x)dx$에서

$$dx = \lim_{\Delta x \to 0} \Delta x$$

y

Δx

$= y$ | + | + $\cdots$

끝없이 작은 x의 폭을 고려함으로써, 얇은 사각형을 끝없이 더하여 정확한 면적을 구할 수 있다

x와 y의 관계

x와 y는 곱셈을 하여 전체량을 구할 수 있게 되는 것

면적＝가로×세로

부피＝단면적×높이

거리＝속도×시간

적분의 공식

공식을 이용하여 미분과 적분의 관계를 파악한다

적분은 미분의 역산이다

제4장의 도입부에서 적분의 기본 공식을 설명했듯이, 적분은 미분을 역산함으로써 얻어진다. 아주 작은 사각형들을 더하는 적분이 왜 미분의 역산으로 구해지는 것일까? 뉴턴과 라이프니츠가 그 관계를 밝혀내기 전까지, 미분과 적분의 관계는 오랜 세월 동안 수수께끼에 싸여 있었다.

그렇다. 이번에는 수학자 헨리 르베그가 발견한 아래의 공식,

$$f(x) = \frac{d}{dx}\int_0^x f(t)\,dt \quad \text{(르베그의 공식)}$$

을 통해 적분한 것을 미분하면 원래대로 돌아온다는 사실을 설명하고자 한다 ($\int_0^x$은 0부터 x의 범위에서 적분한다는 의미이다). 그리고 함수 $f(x)$를 적분한 것을 $F(x)$로 나타내기도 한다는 것을 기억해두자.

자동차의 속도 y와 시간 t의 관계를 오른쪽 그림과 같이 나타내면, '속도'×'시간'은 거리이므로 오른쪽 그림에 사선으로 표시한 부분의 면적은 거리 $F(t)$가 된다. T시간 후의 거리는 다음과 같다.

$$F(T) = \int_0^T f(t)\,dt \quad \cdots ①$$

또한 아주 짧은 시간 Δt가 지났을 때의 거리 $\Delta F(t)$를 생각하면 오른쪽처럼

$$f(t) = \frac{d}{dt}F(t) \quad \cdots ②$$

로 나타낼 수 있다. 따라서 ①과 ②에 의해 오른쪽과 같은 르베그의 공식 '적분한 것을 미분하면 원래대로 돌아온다'는 사실이 증명되었다.

르베그의 공식

$$f(x) = \frac{d}{dx} \int_0^x f(t)\,dt$$

적분

미분

적분한 함수를 미분하면 원래 함수로 돌아온다

자동차의 시간과 속도의 그래프

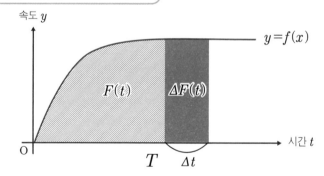

속도 y

$y = f(x)$

$F(t)$ $\Delta F(t)$

시간 t

O

T Δt

T일 때의 거리를 적분으로 나타내면,

$$F(T) = \int_0^T f(t)\,dt \quad \cdots ①$$

아주 짧은 시간 $\Delta t(\Delta t \to 0)$가 지났을 때 이동한 거리 $\Delta F(t)$는

$$\Delta F(t) = f(t) \times \Delta t$$

$$\Leftrightarrow \frac{d}{dt} F(T) = f(t) \qquad \text{변수 변환} \qquad f(t) = \frac{d}{dt} F(t) \quad \cdots ②$$

①과 ②에 따라 $\quad f(t) = \frac{d}{dt} \int_0^t f(t)\,dt \quad$ 가 된다.

원시함수

미분하여 $f(x)$가 되는 원래의 함수

적분하면 원시함수를 구할 수 있다

르베그의 공식을 통해 적분한 것을 미분하면 원래대로 돌아간다는 사실을 설명했는데, 이것만으로는 적분과 미분이 역의 관계를 지닌다는 사실을 충분히 증명하지 못한다. 사실 고등학교 수학에서도 적분과 미분이 왜 역의 관계인지에 대한 설명은 하지 않는다(대학 과정에서 가르친다). 중요한 것은 적분의 원리와 계산방법이므로, 이 책에서도 자세한 증명은 생략하기로 한다.

130쪽에서 $f(x)$를 적분한 것을 $F(x)$로 나타냈는데, 이와 같이

$$\int f(x)dx = F(x) + C \qquad (F(x))' = f(x)$$

가 되는 $F(x)$를, 미분한 도함수가 $f(x)$가 되는 원래 함수라는 의미에서 $f(x)$의 원시함수라 부른다.

적분기호를 사용하면 간단히 표기할 수 있다

기본적인 공식과 기호에 대해 살펴보았으니 다시 한 번 기호를 사용해 일차함수 $f(x) = 2x + 2$를 적분해보자.

$$F(x) = \int f(x)dx = \int (2x + 2)dx$$

으로 나타낼 수 있는 원시함수 $F(x)$는 기본 공식,

$$\int x^n dx = \frac{1}{n+1} x^{n+1} + C \ (C: \text{적분상수})$$

로부터 오른쪽과 같이 계산하면 이차함수 $F(x) = x^2 + 2x + C$가 된다.

원시함수란?

원시함수

미분한 도함수가 $f(x)$가 되는 함수 $F(x)$

$$\int f(x)dx = F(x) + C \qquad (F(x))' = f(x)$$

즉 $F(x)$의 도함수 $= f(x)$

$f(x)$의 원시함수$= F(x)$

적분기호를 사용해보자

적분의 기본 공식

$$\int x^n dx = \frac{1}{n+1} x^{n+1} + C \quad (C : \text{적분상수})$$

위 공식을 이용해 $f(x) = 2x + 2$를 적분하면

$$F(x) = \int f(x)dx = \int (2x+2)dx$$

$$= \frac{2}{1+1} x^{1+1} + 2x + C$$

$$= \underline{x^2 + 2x + C}$$

$(C : \text{적분상수})$

7

적분상수와 부정적분

적분에서 발생하는 불확정 요소를 나타낸다

그래프를 통해 적분상수를 이해한다

함수 $f(x)=x-1$을 적분하여, 적분상수 C의 의미를 조금 다른 각도에서 생각해보자. 공식대로 적분하면,

$$\int f(x)dx = \frac{1}{2}x^2 - x + C$$

이다. 적분하면 임의(뭐든지 가능)의 상수 C가 붙는 것은 왜일까?

상수 부분은 미분하면 0이 되기 때문이다. 분명 $F(x)$가 $y=\frac{1}{2}x^2-x$든지 $y=\frac{1}{2}x^2-x-5$든지 혹은 $y=\frac{1}{2}x^2-x+5$라도, 미분하면 모두 같은 $f(x)$가 된다. 애당초 미분했을 때의 도함수는 각 곡선의 기울기를 나타내는 것으로, 원시함수 끝의 상수가 무엇이든 간에 그 함수 그래프의 기울기에는 영향을 주지 않는다.

이는 실제로 그래프를 그려보면 잘 알 수 있다. 오른쪽을 보면 세로 방향으로 이동할 뿐 x축 방향은 변함이 없으므로, 각 x좌표에서는 똑같은 기울기인 것이다.

한편 적분상수 C는 정해진 기호가 아니며 일반적으로 대문자 C를 사용할 뿐이다. 따라서 사용할 때는 오른쪽과 같이 C가 적분상수라는 사실을 알려야 한다.

원시함수를 구하는 적분은 하나로 정해지지 않는다

지금까지 함께 적분을 살펴봤지만 과연 면적 등의 전체량을 구할 수 있을까 하는 의문이 들 것이다. 왜냐하면 지금까지 살펴본 적분은 부정적분으로, 함수 전체를 적분하여 적분상수 C를 포함한 함수를 구하는 적분이기 때문이다. 이는 변수 x나 임의의 상수 C를 포함하여 하나로 정해지지 않기 때문이다.

적분으로 발생하는 상수

적분상수
C

미분을 역산해 적분할 때에 생기는 임의(뭐든지 가능)의 상수

※ C는 정해진 기호가 아니므로 사용할 때는 적분상수라는 사실을 밝혀야 한다.

적분상수를 그래프로 이해한다

$$f(x) = x - 1$$

을 적분하면,

$$F(x) = \frac{1}{2}x^2 - x + C$$

(C: 적분상수)

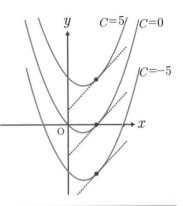

적분상수 C가 변해도 그래프의 기울기는 변하지 않는다

적분상수가 정해지지 않는 적분

부정적분

함수 전체를 적분해 적분상수가 포함되는 함수를 구하는 것

$$\int f(x)dx = x\text{의 함수} + C$$

(C : 적분상수)

부정적분

8

부정적분은 어떤 경우 도움이 될까?

원시함수로부터 전체량의 추이를 알 수 있다

앞서 적분이란 전체량을 구하는 계산방법이라고 설명했는데, 부정적분은 전체량의 추이를 구할 수 있는 적분이다. 원시함수로서의 결과가 얻어져, 구하려는 전체량의 분석을 할 때 상당히 도움이 되는 것이다. 적분상수 C가 포함되어 있으므로 값은 정해지지 않지만 함수이기 때문에 값의 변화를 알 수 있다.

예를 들어 비행기가 일정 가속도 a로 날고 있다. 시간 x초일 때의 속도 y는 $y=ax$라 할 때, 비행기의 이동거리는 $F(x)=\frac{1}{2}ax^2+C$로 나타낼 수 있다. 그런데 적분상수 C가 분명하지 않기 때문에 x초 후의 거리는 알 수 없다. 그러나 이차함수로 나타나 이동거리가 시간과 함께 크게 늘어나는 것을 알 수 있다.

부정적분을 응용하면 거리가 구해질까?

한편 t초가 경과했을 때를 생각해보자. $x=t$일 때 $F(t)=\frac{1}{2}at^2+C$이다. 이 값은 t초가 지났을 때의 이동거리지만, 적분상수 C가 정해지지 않는 이상 별 의미 없다. 그럼 $t+1$초$(x=t+1)$가 경과했을 때는 어떨까? 계산해보면 오른쪽과 같이 $F(t+1)=\frac{1}{2}at^2+at+\frac{1}{2}a+C$가 된다. 하지만 이때도 $C=1$인지 $C=100$인지 알 수 없으므로 역시 의미가 없다.

그럼 한 번 생각해보자. $F(t)$와 $F(t+1)$에는 같은 C가 하나씩 포함되어 있으니 $F(t+1)-F(t)$을 통해 t로부터 1초 동안 이동한 거리를 알 수 있지 않을까?

부정적분의 의미

부정적분한다

↓

원시함수를 구할 수 있다

✕ 전체량을 구할 수 있다.

➡ 적분상수가 포함되어 있으므로 알 수 없다.

⬤ 전체량의 변화 추이를 알 수 있다.

➡ 함수 형태로 나타나 있기 때문에

가속 중인 비행기의 이동거리

시간 x초일 때 속도 y인 비행기의 가속도 a가 일정하다면,

$$f(x)=ax$$

부정적분하면,

$$F(x)=\frac{1}{2}ax^2+C$$

로 나타낼 수 있으므로 거리는 이차함수의 비율로 늘어난다.

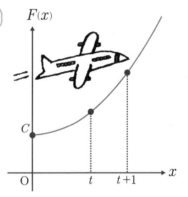

$F(x)$

C

O t $t+1$ x

---

t초 후

$$F(t)=\frac{1}{2}at^2+C \longrightarrow$$

$t+1$초 후

$$F(t+1)=\frac{1}{2}at^2+at+\frac{1}{2}a+C \longrightarrow$$

적분함수 C를 알 수 없으므로 의미가 없다

$F(t)$와 $F(t+1)$에는 같은 C가 포함되어 있으므로 그 차를 생각해보면 뭔가 구해질 듯하다!?

정적분 ①
일정 범위의 전체량을 구한다

정적분은 적분상수가 상쇄되어 일정해진다

함수 $f(x) = ax$에 대해 $F(t) = \frac{1}{2}at^2 + C$와 $F(t+1) = \frac{1}{2}at^2 + at + \frac{1}{2}a + C$ 의 차를 구하면 $F(t+1) - F(t) = at + \frac{1}{2}a$가 된다. 이렇게 해서 적분상수를 지울 수 있게 되었다. x의 범위를 구간 $[a, b]$로 나타내면 $F(b) - F(a)$이다. 이것을 함수 $f(x)$의 a에서 b까지의 정적분이라 하고,

$$\int_a^b f(x)dx = [F(x) + C]_a^b = F(b) - F(a)$$

로 나타낸다. 여기서 같은 적분상수 C를 지니므로 상쇄되어, a부터 b까지의 범위에서 일정 전체량을 구할 수 있다. 그런데 C는 결국 상쇄할 수 있으므로 보통 생략된다.

이 원시함수에 두 값을 대입한 차의 계산은 사실 a부터 b까지의 구간에서 x축과 함수에 둘러싸인 면적에 해당한다(이 식이 어떻게 성립되는가에 대한 증명은 생략하기로 한다). 고등학교 수학에서도 증명은 생략하며 대학 과정에서 다룬다. 궁금하다면 스스로 한 번 조사해보자.

정적분의 적분 구간에는 주의해야 할 점이 있다

원시함수와 적분상수가 포함되는 부정적분에 비해, 정적분은 a부터 b까지의 범위가 정해지므로 일정 전체량을 구할 수 있다. 또한 이때의 a부터 b까지를 적분 구간이라 부르며 '구간 $[a, b]$에서 적분한다'고 말한다.

정적분을 하면 a와 b 사이의 면적을 구할 수 있는데, 한 가지 조건이 있다. $f(x)$는 a부터 b까지의 범위에서 연속이어야 한다. 즉 오른쪽 아래 그림과 같이 도중에 끊어진 형태면 안 되는 것이다.

정적분이란?

정적분 적분 구간 내에서의 전체량 값을 구할 수 있다

이 전체량은 적분 구간 내에서 함수와 x축에 둘러싸인 면적에 해당한다

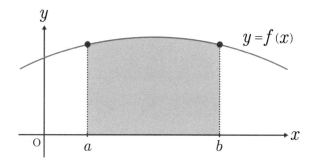

$F(x)$가 $f(x)$의 원시함수라면,

적분 구간

$$\int_{a}^{b} f(x)dx = [F(x)+C]_{a}^{b}$$
$$= F(b)+C-(F(a)+C)=F(b)-F(a)$$

적분상수는 상쇄된다

정적분의 조건

$f(x)$는 적분 구간 a부터 b까지의 범위에서 연속이어야 한다

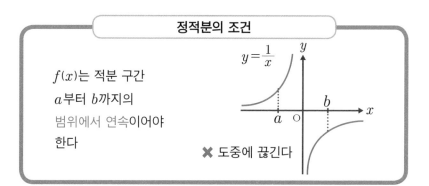

✖ 도중에 끊긴다

정적분 ②
면적에 상당하는 전체량을 구할 수 있다

그림을 통해 정적분의 이미지를 연상해보자

정적분의 값은 오른쪽 그림과 같이 적분 구간에서 x축과 함수 사이의 사다리꼴 모양의 면적이 된다. 예를 들어 $y=x$에 대해 적분 구간을 $1 \leq x \leq 3$의 범위에서 적분해보자. 이는 오른쪽 계산처럼,

$$\int_{1}^{3} x dx = \left[\frac{1}{2} x^2 \right]_{1}^{3} = 4$$

가 된다. 이를 단순히 삼각형 면적을 빼는 것이라 생각하고 밑변이 3인 삼각형과 밑변이 1인 삼각형의 면적 차로써 구해도 $3 \times 3 \div 2 - 1 \times 1 \div 2 = 4$가 되어, 서로 같다는 사실을 알 수 있다.

정적분의 위대한 점은 이차함수처럼 곡선에 둘러싸인 면적의 값을 구할 수 있다는 것이다. 예를 들어 $y=x^2$을 $1 \leq x \leq 3$으로 적분하면 오른쪽 계산과 같이 $\int_{1}^{3} x^2 dx = \frac{26}{3}$이 된다. 작게 잘라 서로 비슷한 면적을 힘들게 더해도 실제에 가까운 값밖에 구할 수 없는 데에 비해, 함수로 나타낼 수 있기만 하면 이런 단순한 계산으로 정확한 면적을 구할 수 있는 것이다.

적분상수는 서로 같은 도형이 상쇄되는 것

상쇄되어 소멸하는 적분상수의 이미지는 어떻게 연상하면 좋을까? 적분상수는 아무 값이나 취할 수 있으므로 그림에 명확하게 나타내는 것은 불가능하다. 그러나 적분 계산을 두 면적의 뺄셈이라 생각한 후, 오른쪽 중간 그림처럼 같은 크기의 면적을 각각 지니고 있다고 간주하면 이해하기 쉬울 것이다. 해당 부분을 각각 뺄셈하면 당연히 소멸된다.

정적분으로 면적을 구한다

$y=x$의 정적분

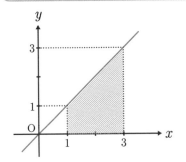

1부터 3까지의 구간에서 정적분한다

$$\int_1^3 x\,dx = \left[\frac{1}{2}x^2\right]_1^3$$

$$= \frac{1}{2} \times 3^2 - \frac{1}{2} \times 1^2$$

$$= \frac{9}{2} - \frac{1}{2} = 4$$

적분상수 C는 어디로 갔을까?

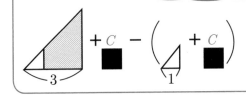

일정 면적을 지닌 도형 C가 양쪽에 모두 포함되어 있을 경우, 뺄셈으로 상쇄시킬 수 있다고 생각하면 이해하기 쉽다

$y=x^2$의 정적분

1부터 3까지의 구간에서 정적분한다

$$\int_1^3 x^2\,dx = \left[\frac{1}{3}x^3\right]_1^3$$

$$= \frac{1}{3} \times 3^3 - \frac{1}{3} \times 1^3$$

$$= 9 - \frac{1}{3} = \frac{26}{3}$$

곡선에 둘러싸인 정확한 면적을 구할 수 있다

y의 전체량은 음(−)이 되는 경우도 있다

앞서 정적분을 하면 적분 구간 내에서 x축과 함수에 둘러싸인 부분의 면적을 구할 수 있다고 설명했는데, y가 음인 것을 정적분하면 어떻게 될까? 정함수 $y=-2$를 0부터 4의 구간에서 정적분하면,

$$\int_0^4 (-2)dx = [-2x]_0^4 = -8$$

이 된다. 면적이 음(−)이라니 이상한 일이다. 그런데 정적분은 '적분 구간 내에서 y의 전체량을 구하는 것'이다. 이렇게 생각하면 한 구간에서 y의 전체량이 음인 경우가 있는 것도 이해가 간다. 즉 '정적분 = 면적'이 아니라, 적분 구간 내에서 y가 양(+)일 때는 결과적으로 전체량이 x축과 함수에 둘러싸인 면적에 해당한다는 것이다.

예를 들어 일차함수 $y=x$를 −1부터 1까지 구간에서 정적분하면,

$$\int_{-1}^1 xdx = \left[\frac{1}{2}x^2\right]_{-1}^1 = 0$$

이 되고 만다. $x=0$일 때 음에서 양으로 변하므로 상쇄되어 전체량은 0이 되는 것이다.

적분 구간에서 y가 음(−)인 범위는 나누어 계산해야 한다

단순한 전체량이 아닌 x축과 함수에 둘러싸인 면적을 알고 싶다면 적분 구간 내에서 y가 음이 되는 범위를 파악해야 한다. 그리고 그 부분은 음을 곱하여 양과 음이 반전되도록 나누어 계산할 필요가 있다.

정적분이란 전체량을 구하는 것

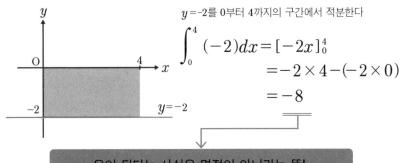

y가 음인 범위에서 정적분하면

$y=-2$를 0부터 4까지의 구간에서 적분한다

$$\int_0^4 (-2)dx = [-2x]_0^4$$
$$= -2 \times 4 - (-2 \times 0)$$
$$= -8$$

음이 된다는 사실은 면적이 아니라는 뜻!

정적분 $\neq$ 면적

$\parallel$ $\fallingdotseq$

y의 전체량 = 적분 구간 내에서 $y \geqq 0$라면 x축과 함수에 둘러싸인 면적

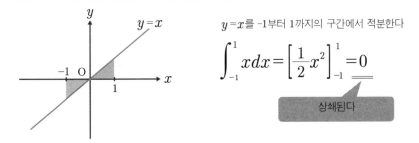

양과 음 양쪽을 포함할 경우

$y=x$를 -1부터 1까지의 구간에서 적분한다

$$\int_{-1}^{1} xdx = \left[\frac{1}{2}x^2\right]_{-1}^{1} = 0$$

상쇄된다

면적을 구하고자 할 때는 y가 음이 되는 범위를 나누어 계산한다

12 정적분 ④
정적분으로 면적 구하기

함수의 양과 음에 주의해 정적분으로 면적을 구한다

앞서 면적을 구하려면 y가 음이 되는 범위를 파악하고 각각 나누어 계산해야 한다는 사실을 살펴보았다. 그리고 음의 범위라면 전체에 음을 곱하여 양으로 반전시켜야 한다. -1부터 1까지의 범위에서 $y=x$와 x축에 둘러싸인 면적이라면 $x<0$, $y<0$이 되므로,

$$\int_{-1}^{1} |x| dx = \int_{0}^{1} x dx + \int_{-1}^{0} (-x) dx = 1$$

이 된다. | |는 절댓값, 즉 | | 안의 값에서 음의 부호를 제거할 수 있는 기호이다. 이 절댓값을 취하는 것을 그래프로 나타내면 오른쪽 그림과 같이 y의 음수인 부분을 x축에서 위로 꺾은 상태가 된다.

세 구간으로 나누어 계산해야 하는 경우도 있다

이차함수 $y=-x^2+2x$와 x축에 -1부터 3까지의 범위로 둘러싸이는 면적을 구해보자. 정적분하기 전에 역시 함수의 양과 음을 파악해야 한다.

$y=-x^2+2x$가 음이 되는 범위를 인수분해를 통해 구하면 $y=-x(x-2)$로, 오른쪽 그림과 같이 $x<0$과 $2<x$의 범위에서 $y<0$이 된다. 따라서,

$$\int_{-1}^{0} -(-x^2+2x) dx + \int_{0}^{2} (-x^2+2x) dx + \int_{2}^{3} -(-x^2+2x) dx$$

와 같이 세 구간으로 나누어 정적분해야 한다. 각각 계산하면 오른쪽과 같이 $\int_{-1}^{3} |-x^2+2x| dx = 4$가 된다.

함수에 둘러싸인 면적 구하는 법

일차함수로 둘러싸인 면적

$y=x$와 x축에 -1부터 1까지의 범위로 둘러싸인 면적을 구한다.

적분 구간 내에서 x가 음이 되는 부분을 반대로 꺾는다.

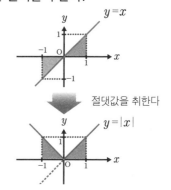

절댓값

음을 곱한다

$$\int_{-1}^{1} |x|dx = \int_{0}^{1} xdx + \int_{-1}^{0}(-x)dx = \frac{1}{2}+\frac{1}{2}=1$$

함수와 x축에 둘러싸인 면적을
구하고자 할 때는 적분 구간 내에서
y가 음이 되는 부분을 나누어 계산한다

절댓값을 취한다

이차함수로 둘러싸인 면적

$y=-x^2+2x$와 x축에 -1부터 3의 범위로 둘러싸인 면적을 구한다.

x축과의 교점을 구하기 위해 인수분해하면,

$$y=-x(x-2)$$

$x<0$, $2<x$이고 $y<0$이므로 세 범위에서 계산한다.

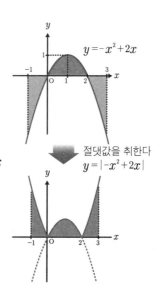

$$\int_{-1}^{3} |-x^2+2x|\, dx$$

$$=\int_{-1}^{0} -(-x^2+2x)\, dx + \int_{0}^{2}(-x^2+2x)\, dx$$

$$+\int_{2}^{3} -(-x^2+2x)\, dx$$

$$=\left[-F(x)\right]_{-1}^{0}+\left[F(x)\right]_{0}^{2}+\left[-F(x)\right]_{2}^{3}$$

$$=-2F(0)+F(-1)+2F(2)-F(3)$$

절댓값을 취한다
$y=|-x^2+2x|$

$F(x)=-\dfrac{1}{3}x^3+x^2$ 이므로,

$$=\frac{1}{3}+1-\frac{16}{3}+8+9-9=\underline{4}$$

13 함수의 성질
면적을 간단히 구하는 테크닉

함수의 성질을 이용해 손쉽게 정적분한다

앞서 함수가 음(−)인 범위를 나누어 계산했는데, 이는 다소 번거로운 것이 사실이다. 이번에는 함수의 성질을 이용해 더욱 간단히 답을 구할 수 있는 방법을 알아보자. 일차함수나 삼차함수는 한 점을 기준으로 점대칭(62쪽 참조)을 이룬다. 특히 $y=-x$, $y=x^3$ 등과 같이 원점을 중심으로 점대칭을 이루는 기함수는 아래와 같은 법칙이 성립한다.

$$\int_{-a}^{a} x\,dx=0 \qquad \int_{-a}^{a} |x|\,dx=2\int_{0}^{a} x\,dx$$

기함수의 조건을 식으로 나타내면 $f(x)=-f(-x)$가 된다. 말로 설명하면 어렵게 느껴지지만 그래프를 보면 쉽게 이해할 수 있다.

또한 $y=x^2$ 등은 우함수라 불리며 y축을 중심으로 선대칭(좌우대칭)을 이룬다. 정적분도 이러한 성질을 이용해,

$$\int_{-a}^{a} x^2\,dx=2\int_{0}^{a} x^2\,dx$$

가 된다. 우함수의 조건은 $f(x)=f(-x)$이다. 앞 쪽에서 풀었던 문제도 이 성질을 이용하면 아래와 같이 각각 간단히 계산할 수 있다.

$$\int_{-1}^{1} |x|\,dx=2\int_{0}^{1} x\,dx$$

$$\int_{-1}^{3} |-x^2+2x|\,dx=2\left\{ \int_{1}^{2} (-x^2+2x)\,dx+\int_{2}^{3} -(-x^2+2x)\,dx \right\}$$

두 번째 함수는 우함수는 아니지만, 꼭짓점을 기준으로 선대칭을 이루는 성질을 이용해 간단히 계산한 것이다.

146 알고 나면 쉬운 적분

기함수와 우함수

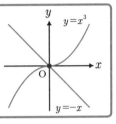

기함수

원점을 중심으로 점대칭을 이루는 함수는
$y=0$에서 양과 음이 반전되므로,

$f(x)=-f(-x)$

$$\int_{-a}^{a} x\,dx=0 \qquad \int_{-a}^{a} |x|\,dx=2\int_{0}^{a} x\,dx$$

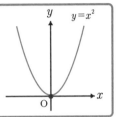

우함수

y축을 기준으로 선대칭을 이루는 함수는
좌우대칭이므로,

$f(x)=f(-x)$

$$\int_{-a}^{a} x^2\,dx=2\int_{0}^{a} x^2\,dx$$

함수의 성질을 이용하면 계산이 간단해진다

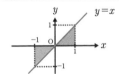

$y=x$의 경우

기함수이므로 ◢ $\times 2$로 생각할 수 있다.

$$\int_{-1}^{1} |x|\,dx=2\int_{0}^{1} x\,dx$$

$y=-x^2+2x$의 경우

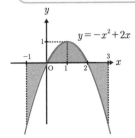

우함수와 같은 선대칭이므로 ◥ $\times 2$로 생각할 수 있다.

$$\int_{-1}^{3} |-x^2+2x|\,dx$$
$$=2\left\{ \int_{1}^{2} (-x^2+2x)\,dx+\int_{2}^{3} -(-x^2+2x)\,dx \right\}$$

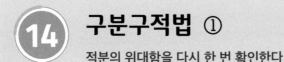

구분구적법 ①

적분의 위대함을 다시 한 번 확인한다

세분한 직사각형을 더해 면적을 구한다

앞서 정적분을 이용하면 곡선에 둘러싸인 면적을 구할 수 있다는 사실을 살펴보았다. 그러나 미분을 역산하는 단순한 계산으로 구해지므로 끝없이 세분화된 면적을 더한다는 실감이나, 고대부터 긴 세월 동안 탐구해온 위대한 계산법이라는 감동을 느낄 틈이 없었을지도 모르겠다.

이에 면적을 구하는 또 하나의 방법인 구분구적법을 살펴보면서 정적분의 위대함을 실감해보기로 하자.

적분을 이용하지 않고 0부터 1까지의 구간에서 곡선 $y=x^2$과 x축으로 둘러싸인 면적을 구해보자. 애당초 적분은 끝없이 작은 단위의 사각형을 세분하여 합하는 개념을 발전시킨 것이었다. 따라서 $0 \leqq x \leqq 1$의 범위를 n등분해 각각의 구간을 밑변으로 하는 n개의 직사각형을 합해 나가면 구하려는 면적에 가까워질 것이다.

직사각형의 세로 길이는 두 종류를 생각해볼 수 있다. 직사각형의 왼쪽 끝점이 곡선에 닿는 길이를 l, 직사각형의 오른쪽 끝점이 곡선에 닿는 길이를 r이라 하자. $y=x^2$은 전자 쪽이 짧으므로 왼쪽 끝점에 맞춘 직사각형의 면적을 각각 L_1, L_2 $\cdots L_n$이라 하고 그 합을 L이라 한다. 마찬가지로 오른쪽 끝점에 맞춘 직사각형의 면적을 R_1, R_2, $\cdots$, R_n이라 하고 그 합을 R이라 한다. $L_1 = \dfrac{1}{n} \times f(0)$, $L_2 = \dfrac{1}{n} \times f\left(\dfrac{1}{n}\right)$과 같은 각 면적을 더하면 각각 아래와 같이 나타낼 수 있다. 이때 오른쪽과 같이 곡선에 둘러싸인 면적 S는 $L < S < R$이 된다.

$$L = \frac{1}{n}\left\{ f(0) + f\left(\frac{1}{n}\right) + \cdots + f\left(\frac{n-1}{n}\right) \right\}$$

$$R = \frac{1}{n}\left\{ f\left(\frac{1}{n}\right) + f\left(\frac{2}{n}\right) + \cdots + f\left(\frac{n}{n}\right) \right\}$$

적분 계산의 위대함 ①

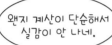
왠지 계산이 단순해서
실감이 안 나네.

적분이란 곡선에 둘러싸인 면적을 정확하게
구할 수 있는 위대한 계산법이다!

곡선으로 둘러싸인 면적에
대해 기본부터 되짚어보자

곡선으로 둘러싸인 면적을 구하기 위해서는

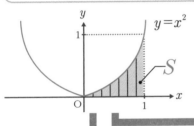

0부터 1까지의 범위에서 $y=x^2$과 x축으로 둘러싸인 면적 S를 구하려면 작게 나눈 직사각형의 면적을 합해야 한다.

각 구간의 왼쪽 끝점에 맞춰 n분할

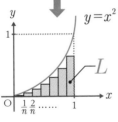

각 구간의 오른쪽 끝점에 맞춰 n분할

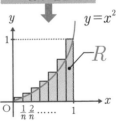

$$L = \frac{1}{n}\left\{f(0)+f\left(\frac{1}{n}\right)+\cdots+f\left(\frac{n-1}{n}\right)\right\}, \quad R = \frac{1}{n}\left\{f\left(\frac{1}{n}\right)+f\left(\frac{2}{n}\right)+\cdots+f\left(\frac{n}{n}\right)\right\}$$

$$L_n < S_n < R_n$$

이므로 $L < S < R$

15 구분구적법 ②

곡선에 둘러싸인 면적을 구할 수 있는 위대한 계산법

끝없이 더해도 정확한 면적은 구할 수 없다

적분이 등장하기 전에는 곡선에 둘러싸인 면적을 구할 때 앞쪽에서 설명한 L과 R처럼 세분화시켜 더하는 방법이 일반적이었다. 세분하면 세분할수록, 즉 n이 커지면 커질수록 L과 R은 정확한 면적에 가까워지는 것이다. 예를 들어 $n=10$이라 하고 10분할 해보자. 세로의 길이를 함수에 적용하거나 더하는 것도 번거롭다. 결국 각각 오른쪽과 같이 계산하면 $L=0.285$, $R=0.385$가 된다. L과 R의 중간이라고 가정하면 약 $\dfrac{L+R}{2}=0.335$일 것이다.

만약 $n=1000$으로 계산하면 $L=0.3328335$, $R=0.3338335$가 되어(모두 기입할 수 없으므로 중간식은 생략한다) $\dfrac{L+R}{2}=0.3333335$로 볼 수 있다. 이 짧은 구간을 1000분할해도 결국엔 오차가 발생하고 마는 것이다.

그런데 $y=x^2$을 정적분으로 계산해보면,

$$S=\int_0^1 x^2 dx=\left[\frac{1}{3}\,x^3\right]_0^1=\frac{1}{3}$$

로 깔끔하게 답을 얻을 수 있다. 적분을 두려할 필요가 없는 것이다.

이처럼 끝없이 구간을 세분하여 면적이나 부피를 구하는 방법을 구분구적법이라 한다. 극한으로 끝없이 세분한 L과 R을 나타내면,

$$L=\lim_{n\to\infty}\frac{1}{n}\left\{f(0)+f\left(\frac{1}{n}\right)+\cdots+f\left(\frac{n-1}{n}\right)\right\}$$

$$R=\lim_{n\to\infty}\frac{1}{n}\left\{f\left(\frac{1}{n}\right)+f\left(\frac{2}{n}\right)+\cdots+f\left(\frac{n}{n}\right)\right\}$$

이 되어, 이들은 결국 $\int_0^1 x^2 dx$와 같은 값이 된다.

적분 계산의 위대함 ②

10분할로 계산

$n=10$이므로,

$$L=\frac{1}{10}\left\{ f(0)+f\left(\frac{1}{10}\right)+\cdots+f\left(\frac{9}{10}\right) \right\}$$

$$=0.1\{0+0.01+0.04+0.09+0.16+0.25+0.36+0.49+0.64+0.81\}$$

$$=0.1\times 2.85=\underline{0.285}$$

$$R=\frac{1}{10}\left\{ f\left(\frac{1}{10}\right)+f\left(\frac{2}{10}\right)+\cdots+f\left(\frac{10}{10}\right) \right\}$$

$$=0.1\{0.01+0.04+0.09+0.16+0.25+0.36+0.49+0.64+0.81+1\}$$

$$=0.1\times 3.85=\underline{0.385}$$

$$\frac{L+R}{2}=\underline{0.335} \longleftarrow$$

1000분할로 계산

$n=1000$이므로
$$\vdots$$
〈중간식 생략〉   엄청난 계산량!
$$\vdots$$

$$L=\underline{0.3328335},\ R=\underline{0.3338335}$$

$$\frac{L+R}{2}=\underline{0.3333335} \longleftarrow$$

오차 존재!

정적분으로 구하기

정확한 면적

$$S=\int_{0}^{1} x^2 dx=\left[\frac{1}{3}x^3\right]_{0}^{1}=\frac{1}{3}\times 1^3-0=\frac{1}{3}=0.33333333\cdots$$

이렇게 엄청난 계산을 해도 오차가 발생하고 만다

곡선으로 둘러싸인 면적 ①

곡선으로 둘러싸인 면적도 구할 수 있다

x의 범위와 y의 함수만 있으면 면적을 구할 수 있다

이번에는 곡선들로 둘러싸인 면적을 구해보자. $f(x)=x^2$과 $g(x)=-x^2$ $+2x+4$에 둘러싸인 면적 S를 구하고자 한다. 가로와 세로가 모두 곡선이어서 이러한 형태의 면적을 구할 수 있을지 의심스러울지도 모르지만, 이 또한 정적분으로 깔끔하고 정확한 답을 구할 수 있다.

$f(x)$의 그래프는 금방 알 수 있으며 $g(x)$의 경우 미분을 이용해 원점을 계산하면 오른쪽과 같이 꼭짓점 $(1, 5)$가 된다. 이로써 대강의 그래프를 그릴 수 있게 되었다.

다음으로 적분 구간이 되는 두 교점을 구해보자. $f(x)$와 $g(x)$를 연립방정식으로 풀면 오른쪽과 같이 $x=1, 2$에서 교차한다는 사실을 알 수 있다. 면적 S가 $-1 \leq x \leq 2$일 경우는 $f(x)$보다 $g(x)$가 위쪽에 위치한다. 면적 S의 y방향 길이를 $h(x)$라 하면 $h(0)$은 $g(0)-f(0)$로 나타낼 수 있다. $h(x)$는 두 함수의 뺄셈으로 아래와 같다.

$$h(x)=g(x)-f(x)=-2x^2+2x+4$$

이제 면적 S의 x범위와 y방향의 함수가 구해졌으니, 정적분을 하면 면적을 구할 수 있을 것이다. -1부터 2까지의 구간에서 $h(x)$를 적분하면,

$$S=\int_{-1}^{2} h(x)dx=\int_{-1}^{2}(-2x^2+2x+4)dx$$

가 되고, 오른쪽과 같이 계산하면 $S=9$가 구해진다. 계산이 상당히 번거로워 보이는데 이를 더욱 간단히 할 수 있는 방법을 154쪽에서 소개할 예정이다.

두 곡선으로 둘러싸인 면적 구하는 법

문제 아래 두 곡선에 둘러싸인 면적 S를 구한다.

$$f(x) = x^2$$
$$g(x) = -x^2 + 2x + 4$$

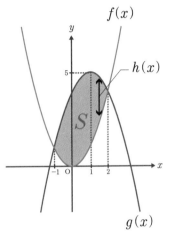

❶ 그래프를 그린다

$g'(x) = -2x + 2$에 따라

$x = 1$일 때 $g'(1) = 0$이고 $g(1) = 5$이므로

$g(x)$의 꼭짓점은 $(1, 5)$

❷ 교점을 구한다

$f(x) = g(x)$인 이차방적식을 풀면,

$x^2 = -x^2 + 2x + 4 \Leftrightarrow x^2 - x - 2 = 0$

$\Leftrightarrow (x+1)(x-2) = 0$ 따라서 $x = -1$ 또는 $x = 2$에서 만난다.

❸ y방향의 길이를 구한다

y방향의 길이를 $h(x)$라 하면,

그래프와 같이 $-1 \leq x \leq 2$ 구간에서 $f(x) \leq g(x)$이므로

$h(x) = g(x) - f(x) = -x^2 + 2x + 4 - x^2$

$\qquad = -2x^2 + 2x + 4$

❹ 정적분

x범위와 y방향의 길이의 함수를 알게 되었으므로,

$$\int_{-1}^{2} h(x)\,dx = \int_{-1}^{2} (-2x^2 + 2x + 4)\,dx = \left[-\frac{2}{3}x^3 + x^2 + 4x \right]_{-1}^{2}$$

$$= \left(-\frac{16}{3} + 4 + 8 \right) - \left(\frac{2}{3} + 1 - 4 \right) = \underline{9}$$

함수에 둘러싸인 면적 ②

함수로 구획된 면적을 자유자재로 구한다

정적분의 편리한 계산 테크닉

정적분을 할 때 아래와 같은 계산 테크닉이 있다.

$$\int_{\alpha}^{\beta} (x-\alpha)(x-\beta)dx = -\frac{1}{6}(\beta-\alpha)^3$$

이차함수를 인수분해해 α와 β의 범위에서 정적분하면 이러한 심플한 식이 된다는 공식이다. 앞 쪽의 문제도 이를 이용하면 간편하게 계산할 수 있다.

직선과 곡선으로 둘러싸인 면적을 구해보자

이번에는 직선 $f(x)=x+4$와 곡선 $g(x)=-x^2-4x$ 사이에 둘러싸인 면적 S_1, 그리고 y축과 $f(x)$, $g(x)$에 둘러싸인 면적 S_2를 구해보자. 미분을 이용하여 곡선 $g(x)$의 꼭짓점의 좌표를 구하면 $(-2, 4)$가 된다. 다음으로 이차방정식 $f(x)=g(x)$를 풀어 교점을 구하면 $x=-4$ 또는 $x=-1$에서 두 함수가 만나게 된다. 오른쪽 그래프와 같이 S_1의 범위 $-4 \leqq x \leqq -1$에서는 $f(x) \leqq g(x)$가 되므로 S_1은 다음과 같이 나타낼 수 있다.

$$S_1 = \int_{-4}^{-1} \{g(x)-f(x)\} dx$$

이는 바로 위의 적분 공식으로 간단히 계산할 수 있다. y축과 $f(x)$, $g(x)$에 둘러싸인 면적 S_2는 오른쪽 그래프와 같이 $-1 \leqq x \leqq 0$이고, $f(x) \geqq g(x)$이므로, 다음과 같으며 S_1, S_2는 각각 오른쪽과 같은 값으로 계산된다.

$$S_2 = \int_{-1}^{0} \{f(x)-g(x)\} dx$$

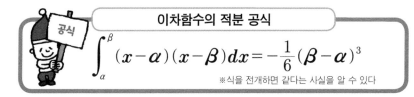

이차함수의 적분 공식

$$\int_{\alpha}^{\beta} (x-\alpha)(x-\beta)\,dx = -\frac{1}{6}(\beta-\alpha)^3$$

※식을 전개하면 같다는 사실을 알 수 있다

문제 $f(x)$와 $g(x)$에 둘러싸인 면적 S_1과 y축에 둘러싸인 면적 S_2를 구한다.

$$f(x)=x+4 \qquad g(x)=-x^2-4x$$

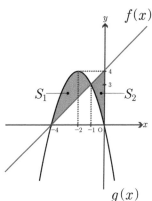

❶ 그래프를 그린다

$g'(x)=-2x-4$에 따라
$x=-2$일 때 $g'(-2)=0$이고,
$g(-2)=4$이므로 $g(x)$의 꼭짓점은 $(-2, 4)$

❷ 교점을 구한다

$f(x)=g(x)$의 이차방정식을 풀면,
$x+4=-x^2-4x \Leftrightarrow x^2+5x+4=0 \Leftrightarrow (x+1)(x+4)=0$
따라서 $x=-4, -1$에서 만난다

❸ y방향의 길이를 구한다

그래프와 같이 S_1은 $-4\leqq x\leqq-1$이므로 $f(x)\leqq g(x)$
$\qquad\qquad S_2$은 $-1\leqq x\leqq 0$이므로 $f(x)\geqq g(x)$

❹ 정적분

$$S_1=\int_{-4}^{-1}\{g(x)-f(x)\}\,dx=\int_{-4}^{-1}(-x^2-5x-4)\,dx=-\int_{-4}^{-1}(x+1)(x+4)\,dx$$

이차함수의 적분 공식 ▶ $=\dfrac{1}{6}(-1+4)^3=\dfrac{9}{2}$

$$S_2=\int_{-1}^{0}\{f(x)-g(x)\}\,dx=\int_{-1}^{0}(x^2+5x+4)\,dx=\left[\frac{1}{3}x^3+\frac{5}{2}x^2+4x\right]_{-1}^{0}$$

$$=-\left(-\frac{1}{3}+\frac{5}{2}-4\right)=\frac{11}{6}$$

부피를 구한다

면적을 겹겹이 쌓으면 부피가 된다

단면적을 알면 부피도 구할 수 있다

적분은 단지 면적만 구할 수 있는 것이 아니다. 곱셈을 해 의미 있는 전체량이라면, 그리고 x의 범위가 파악되고 y를 함수로 나타낼 수 있다면 정적분을 쓸 수 있다. 예를 들어 약간 구부러져서 원의 단면이 깨끗하지는 않아도 어디를 자르든 단면적이 8이 되는 길이 10의 김태랑엿(어디를 자르든 단면에 남자아이의 얼굴이 나오게 만든 가락엿 - 역자주)의 부피 V_1을 구한다고 하자.

이때 길이 방향을 x방향이라 하고 단면적을 쌓아 부피를 구한다고 생각하면,

$$V_1 = \int_0^{10} 8dx = [8x]_0^{10} = 80$$

이 된다. 이처럼 '가로'×'세로'×'높이' 등의 공식에 적용하지 않아도 단면적을 알고 있으면 정적분으로 구할 수 있다.

이번에는 형태를 알 수 없는 물체의 부피 V_2를 구해보자. 단, 한 방향의 길이가 5이고 그 방향의 왼쪽 끝으로부터의 길이를 x라 하면 길이 방향에 수직인 단면적 S는 $3x^2 + 10$이 된다.

이때도 길이 방향으로 단면적을 쌓는다고 생각하면,

$$V_2 = \int_0^5 (3x^2 + 10)dx = [x^3 + 10x]_0^5 = 175$$

가 된다. 이처럼 길이를 x라 하고 수직 방향의 단면적을 함수로 나타낼 수 있다면 부피는 정적분으로 간단히 구할 수 있는 것이다.

그 외에도 다소 독특하게 부피를 구하는 방법도 있는데 제5장에서 자세히 살펴볼 예정이다.

단면적으로부터 부피를 구한다

김태랑엿의 부피 V_1을 구한다

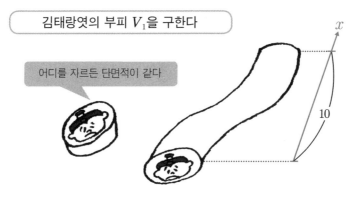

어디를 자르든 단면적이 같다

x

10

단면적은 8, 길이 방향을 x방향으로 놓고
겹겹이 쌓아나가 부피를 구한다

$$V_1 = \int_0^{10} 8dx = [8x]_0^{10} = 80 - 0 = 80$$

단면적밖에 알 수 없는 물체의 부피 V_2

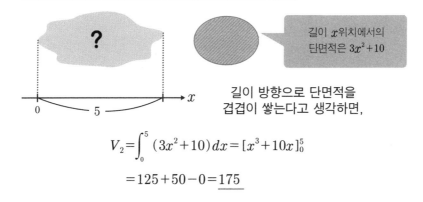

?

길이 x위치에서의
단면적은 $3x^2 + 10$

x

0   5

길이 방향으로 단면적을
겹겹이 쌓는다고 생각하면,

$$V_2 = \int_0^5 (3x^2 + 10)\,dx = [x^3 + 10x]_0^5$$

$$= 125 + 50 - 0 = \underline{175}$$

**수직방향의 단면적을 함수로 나타낼 수 있다면
정적분으로 간단히 구할 수 있다**

19 적분 총정리

전체량을 도출하는 일련의 흐름

전체량의 추이를 구할 수 있는 부정적분과 값을 구할 수 있는 정적분

지금까지 살펴본 적분의 기본내용을 다시 한번 정리해보자.

적분에는 정적분과 부정적분이 있다.

함수 $f(x)$에 대하여 $F'(x)=f(x)$가 되는 함수 $F(x)$를 $f(x)$의 부정적분이라고 하며, 부정적분을 구하는 것을 $f(x)$를 적분한다고 한다. 그리고 미분과 적분이 역의 관계에 있으므로,

$$\int x^n dx = F(x) + C = \frac{1}{n+1} x^{n+1} + C \quad (C: \text{적분상수})$$

가 되었다. 여기서 적분상수 C는 부정적분을 하면 발생하는 임의의 상수이다. 어떤 상수든지 미분하면 0이 되므로, 미분을 역산하면 값이 정해지지 않는 상수가 생기는 것이다. 부정不定적분은 이름 그대로 전체량의 값은 정해지지 않으나, 그 경향을 함수로서 얻을 수 있으므로 분석 등에 이용 가능하다.

정적분의 경우에는 적분 구간을 정해줌으로써,

$$\int_a^b f(x)dx = [F(x)+C]_a^b$$
$$= F(b) + C - (F(a)+C) = F(b) - F(a)$$

와 같이 적분상수를 상쇄해 전체량을 구할 수 있다. 이 전체량은 함수와 x축에 둘러싸인 면적에 해당한다. 그러나 순수하게 면적만을 구하려는 경우는 y가 음($-$)인 구간만 나누어 그곳을 양($+$)으로 반전시켜 계산해야 한다.

정적분은 x의 적분 구간과 y의 함수가 정해지면 곡선으로 둘러싸인 면적과 부피를 모두 간단하게 구할 수 있는 위대한 계산법인 것이다.

부정적분이란?

부정적분

적분상수를 포함하는 함수로서 결과를 얻을 수 있다
➡ 전체량 변화의 경향을 알 수 있다

원시함수   적분상수

$$\int x^n dx = F(x) + C = \frac{1}{n+1}x^{n+1} + C$$

기본 공식은 미분의 역산

정적분이란?

정적분

적분 구간 내에서의 전체량 값을 구할 수 있다
➡ 곡선에 둘러싸인 면적 등을 구할 수 있다

$$\int_a^b f(x)dx = [F(x) + C]_a^b$$
$$= F(b) + C - (F(a) + C) = F(b) - F(a)$$

적분상수가 상쇄된다

전체량은 적분 구간 내에서 함수와 x축에 둘러싸인 면적에 해당한다

y가 음(-)이 되는 범위

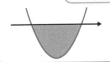

면적을 구할 때는 y의 음을 양으로
전환하여 계산해야 한다

문제 다음 함수를 적분하여라.

① $y = 10x^4 - 2x^2 + \dfrac{1}{x^2}$

② $y = 2x^3 + x - \sqrt{x}$

해답 ①

$$\dfrac{1}{x} = x^{-1}$$

$$\int y\,dx = \int \left(10x^4 - 2x^2 + \dfrac{1}{x^2}\right)dx = \int (10x^4 - 2x^2 + x^{-2})\,dx$$

$$= \dfrac{10}{4+1}\,x^{4+1} - \dfrac{2}{2+1}\,x^{2+1} + \dfrac{1}{-2+1} \times x^{-2+1} + C$$

$$= 2x^5 - \dfrac{2}{3}\,x^3 - x^{-1} + C = 2x^5 - \dfrac{2}{3}\,x^3 - \dfrac{1}{x} + C \quad (C: \text{적분상수})$$

해답 ②

$$\sqrt{x} = x^{\frac{1}{2}}$$

$$\int y\,dx = \int (2x^3 - x - \sqrt{x}\,)\,dx = \int \left(2x^3 - x - x^{\frac{1}{2}}\right)dx$$

$$= \dfrac{2}{3+1}\,x^{3+1} + \dfrac{1}{1+1}\,x^{1+1} - \dfrac{1}{\dfrac{1}{2}+1}\,x^{\frac{1}{2}+1} + C$$

$$= \dfrac{1}{2}\,x^4 - \dfrac{1}{2}\,x^2 - \dfrac{2}{3}\,x\sqrt{x} + C \quad (C: \text{적분상수})$$

다음 함수를 1부터 2까지의 범위에서 적분하여라.

❶ $y = x^4 + 3x^2 - 10$

❷ $y = 2x^3 - 3x^2 - \dfrac{3}{\sqrt{x}}$

해답 ❶

$$\int_1^2 y\,dx = \int_1^2 (x^4 + 3x^2 - 10)\,dx$$

$$= \left[\frac{1}{4+1}x^{4+1} + \frac{3}{2+1}x^{2+1} - 10x \right]_1^2 = \left[\frac{1}{5}x^5 + x^3 - 10x \right]_1^2$$

$$= \frac{1}{5} \times 2^5 + 2^3 - 10 \times 2 - \frac{1}{5} \times 1^5 - 1^3 + 10 \times 1$$

$$= \frac{1}{5} \times 32 + 8 - 20 - \frac{1}{5} - 1 + 10 = \frac{16}{5}$$

해답 ❷

$$\int_1^2 y\,dx = \int_1^2 \left(2x^3 - 3x^2 - \frac{3}{\sqrt{x}} \right) dx = \int_1^2 \left(2x^3 - 3x^2 - 3x^{-\frac{1}{2}} \right) dx$$

$$= \left[\frac{2}{3+1}x^{3+1} - \frac{3}{2+1}x^{2+1} - \frac{3}{-\frac{1}{2}+1}x^{-\frac{1}{2}+1} \right]_1^2$$

$$= \left[\frac{1}{2}x^4 - x^3 - 6x^{\frac{1}{2}} \right]_1^2$$

$$= \frac{1}{2} \times 2^4 - 2^3 - 6 \times 2^{\frac{1}{2}} - \frac{1}{2} \times 1^4 + 1^3 + 6 \times 1^{\frac{1}{2}}$$

$$= 8 - 8 - 6\sqrt{2} - \frac{1}{2} + 1 + 6 = \frac{13}{2} - 6\sqrt{2}$$

함수 $f(x)$는 $(1,-2)$를 지나고 $f'(x)=4x-8$이 된다.

❶ 함수 $f(x)$의 식과 그래프를 구하여라.

❷ 함수 $f(x)$와 x축에 둘러싸인 면적을 구하여라.

해답 ❶

· 도함수 $f'(x)$를 적분한다

$$f(x)=\int f'(x)\,dx=\int (4x-8)\,dx$$

$$=\frac{4}{2}x^2-8x+C$$

$$=2x^2-8x+C \quad (C:\text{적분상수})$$

· C를 구한다

　　$f(x)$는 $(1,-2)$를 지나므로,

　　$f(1)=2\times 1^2-8\times 1+C=-2$

　　$\Leftrightarrow 2-8+C=-2 \ \Leftrightarrow \ C=4$

　　따라서 $f(x)=2x^2-8x+4$

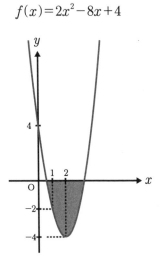

$f(x)=2x^2-8x+4$

· $f(x)$의 꼭짓점을 구한다

　　$f'(x)=4x-8=0 \ \Leftrightarrow \ x=2$

　　$f(2)=2\times 2^2-8\times 2+4=-4$

　　따라서 $f(x)$의 꼭짓점은 $(2,-4)$

　　또한 x^2의 계수는 양($+$)이므로 아래로 볼록

- $f(x)$와 x축의 교점을 구한다

$$0 = 2x^2 - 8x + 4 \Leftrightarrow x^2 - 4x + 2 = 0$$

$$\boxed{x = \frac{-b \pm \sqrt{b^2 - 4ac}}{2a}}$$ 에 의해

$$x = \frac{-1 \times (-4) \pm \sqrt{(-4)^2 - 4 \times 1 \times 2}}{2 \times 1}$$

$$= \frac{4 \pm \sqrt{8}}{2} = 2 \pm \sqrt{2}$$

- 면적을 구한다

그래프에 따라 $2 - \sqrt{2} \leqq x \leqq 2 + \sqrt{2}$에서 $f(x) \leqq 0$이므로,

$$\int_{2-\sqrt{2}}^{2+\sqrt{2}} -f(x)\,dx = \int_{2-\sqrt{2}}^{2+\sqrt{2}} -(2x^2 - 8x + 4)\,dx$$

$$= -2 \times \int_{2-\sqrt{2}}^{2+\sqrt{2}} (x - 2 - \sqrt{2})(x - 2 + \sqrt{2})\,dx$$

$$\boxed{\int_{\alpha}^{\beta} (x-\alpha)(x-\beta)\,dx = -\frac{1}{6}(\beta-\alpha)^3}$$ 에 의해서

$$= -2 \times \left(-\frac{1}{6}\right) \times (2 + \sqrt{2} - 2 + \sqrt{2})^3$$

$$= \frac{2}{6}(2\sqrt{2})^3 = \underline{\frac{16}{3}\sqrt{2}}$$

아래 두 함수 $f(x)$와 $g(x)$가 있다.

$$f(x) = \frac{4}{3}x^2 - \frac{16}{3} \qquad g(x) = -2x^2 - 2x$$

❶ 두 함수의 그래프를 그려보아라.

❷ $x \geq 0$의 범위에서 $f(x)$, $g(x)$와 x축에 둘러싸인 면적 S를 구하여라.

해답 ❶

• $f(x) = \dfrac{4}{3}x^2 - \dfrac{16}{3}$ 를 미분하여 꼭짓점을 구한다

$$f'(x) = \frac{8}{3}x = 0 \iff x = 0$$

$$f(0) = -\frac{16}{3}$$

따라서 $f(x)$의 꼭짓점은 $\left(0, -\dfrac{16}{3}\right)$이며,

$f(x)$의 x^2의 계수는 양(+)이므로 아래로 볼록

• $g(x) = -2x^2 - 2x$를 미분하여 꼭짓점을 구한다

$$g'(x) = -4x - 2 = 0 \iff x = -\frac{1}{2}$$

$$g\left(-\frac{1}{2}\right) = -2\left(-\frac{1}{2}\right)^2 - 2 \times \left(-\frac{1}{2}\right) = -\frac{1}{2} + 1 = \frac{1}{2}$$

따라서 $g(x)$의 꼭짓점은 $\left(-\dfrac{1}{2}, \dfrac{1}{2}\right)$

$g(x)$의 x^2의 계수는 음(−)이므로 위로 볼록

또한 $g(x)$는 상수가 아니므로 $(0, 0)$을 지난다.

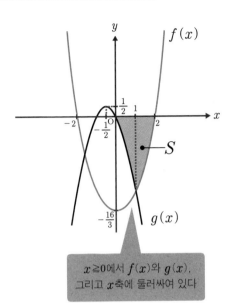

$x \geq 0$에서 $f(x)$와 $g(x)$,
그리고 x축에 둘러싸여 있다

면적 S는 그래프에서 색을 칠한 부분이므로,

$$S = S_1 - S_2$$

❶ S_1을 구한다

$f(x)$의 x축과의 교점을 구한다

$$0 = \frac{4}{3}x^2 - \frac{16}{3} \iff x^2 - 4$$

$$\iff 0 = (x-2)(x+2)$$

따라서 $f(x)$는 $x = \pm 2$에서 x축과 만난다.

$$S_1 = \int_0^2 -f(x)\,dx = -\int_0^2 \left(\frac{4}{3}x^2 - \frac{16}{3} \right) dx$$

$$= -\left[\frac{4}{3 \times 3}x^3 - \frac{16}{3}x \right]_0^2 = -\frac{4}{9} \times 2^3 + \frac{16}{3} \times 2 + 0$$

$$= -\frac{32}{9} + \frac{32}{3} = \frac{64}{9}$$

❶ S_2를 구한다

$f(x)$와 $g(x)$의 교점을 구한다

$$\frac{4}{3}x^2 - \frac{16}{3} = -2x^2 - 2x$$

$$\Leftrightarrow 6x^2 + 4x^2 + 6x - 16 = 0 \Leftrightarrow 5x^2 + 3x - 8 = 0$$

$$x = \frac{-b \pm \sqrt{b^2 - 4ac}}{2a}$$ 에 의해

$$x = \frac{-3 \pm \sqrt{3^2 - 4 \times 5 \times (-8)}}{2 \times 5} = \frac{-3 \pm \sqrt{169}}{10} = \frac{-3 \pm 13}{10} = -\frac{8}{5}, 1$$

그래프의 $0 < x < 1$에서 $f(x) < g(x)$이므로

$$S_2 = \int_0^1 \{g(x) - f(x)\}\, dx$$

$$= \int_0^1 \left(-2x^2 - 2x - \frac{4}{3}x^2 + \frac{16}{3} \right) dx$$

$$= \int_0^1 \left(-\frac{10}{3}x^2 - 2x + \frac{16}{3} \right) dx$$

$$= \left[-\frac{10}{9}x^3 - x^2 + \frac{16}{3}x \right]_0^1$$

$$= -\frac{10}{9} \times 1^3 - 1^2 + \frac{16}{3} \times 1 - 0$$

$$= -\frac{10}{9} - 1 + \frac{16}{3} = \frac{29}{9}$$

$S = S_1 - S_2$에 따라

$$S = \frac{64}{9} - \frac{29}{9} = \frac{35}{9}$$

길이가 10이고 길이 방향에 수직인 단면적 $S(x)$가
아래와 같은 물체의 부피 V를 구하여라.

$$S(x) = 3x^2$$

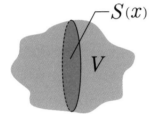

0부터 10까지의 구간에서 단면적을 적분한다

$$V = \int_0^{10} S(x)\,dx = \int_0^{10} 3x^2\,dx$$

$$= [\,x^3\,]_0^{10} = 10^3 - 0$$

$$= 1000$$

적분으로 벚꽃 피는 날을 알 수 있다?!

미적분은 우리 주변에서도 활용되고 있다. 우리가 매일 보는 일기예보에도 미적분이 쓰이는데, 그중 벚꽃의 개화 시기 예상에 어떻게 미적분이 이용되는지 살펴보자.

벚꽃의 꽃눈은 여름에 만들어진 후 잠들었다가 추운 겨울이 지나면 눈을 떠 초봄, 기온이 상승하면 점점 자라 개화에 이른다. 그래서 개화 시기는 지금까지 관측된 하루하루의 평균기온 중 일정 기준치를 넘은 만큼을 더해나간, 즉 적산온도와 앞으로의 기온 예보를 바탕으로 예상한다. 이 적산온도가 일정치를 넘으면 벚꽃이 피는 것이다. 적분은 이 중요한 적산온도를 계산하는 데에도 이용된 것이다.

또 일평균 기온을 매일 기록해 그래프로 만들면 기온의 변화를 한 눈에 볼 수 있다. 단, 기온은 아침·점심·저녁 사이에 상당한 차이가 있으므로 더욱 정확하게 적산온도를 구하기 위해서는 24시간부터 1시간, 1분, 1초로 세분화해나가면 그림과 같은 곡선의 그래프가 만들어진다. 적산온도는 일정 기준치를 넘은 기온을 적분한 것이므로 이 기준치를 6℃라 했을 때 일평균 기온에서 6℃를 넘은 부분을 적분하면 벚꽃의 개화 시기를 예상할 수 있다.

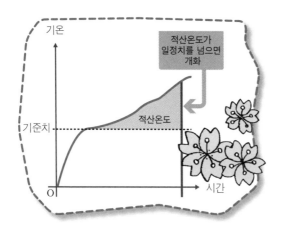

미적분 극복!

미분 · 적분
더 쉽게 이해하자

5

삼차함수 ①
곡선의 극값과 변곡점

왜 최댓값이 아닌 극댓값인가?

삼차함수와 같이 다소 복잡한 곡선을 확실히 이해하기 위해서 미분을 통해 곡선의 성질을 복습하며 생각해보자.

오른쪽에서 설명한 극댓값과 극솟값을 합해 극값이라 부른다. 그런데 왜 극값은 최댓값이나 최솟값이라 부르지 않을까? 그 이유는 오른쪽 곡선과 같이 위로 볼록 혹은 아래로 볼록한 구간이 여러 개 있어서 부분적으로는 최대 혹은 최소여도 함수 전체로 볼 때는 최대 혹은 최소가 아닌 경우도 있기 때문이다. 삼차함수에서 극값을 구하기 위해서는 볼록·오목한 점에서의 접선의 기울기가 0이 되는 성질을 이용해 미분한 기울기가 0이 되는 점을 구하면 된다.

곡선의 굽어지는 방향이 변하는 점을 변곡점이라 부른다

위로 볼록했던 곡선이 아래로 볼록한 곡선으로 변하거나 또는 그 반대가 되어 곡선의 굽어지는 방향이 변하는 점을 변곡점이라 부른다.

차수가 3 이상인 함수 중에는 이런 변곡점을 갖는 것이 있다. 변곡점에서의 접선은 오른쪽 그림과 같이 곡선과 접하는 것뿐만 아니라 겹쳐서 교차된다.

한편 삼차 이상의 함수는 사실 기울기가 0이어도 반드시 극값이 된다고 장담할 수 없다. 예를 들어 $y=x^3$은 $x=0$에서 기울기가 0이 되지만, 오른쪽 아래 그림과 같이 볼록하거나 오목한 곡선이 안 만들어지고 곡선의 굽어지는 방향이 변할 뿐이어서 극값은 되지 않는 것이다. 이렇듯 함수를 보고 그 곡선의 성질을 분별하는 것은 상당히 까다롭다.

삼차함수 분석

극값

극댓값 x값의 일부분에서 함수의 그래프가 위로 볼록한 점의 y값

극솟값 x값의 일부분에서 함수의 그래프가 아래로 오목한 점의 y값

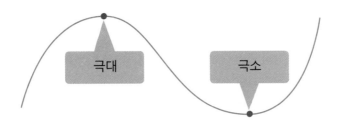

극대   극소

변곡점

곡선의 굽어지는 방향이 변하는 점을 말한다

• 위로 볼록한 곡선 ⇒ 아래로 볼록한 곡선
• 아래로 볼록한 곡선 ⇒ 위로 볼록한 곡선

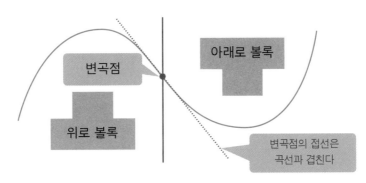

아래로 볼록

변곡점

위로 볼록

변곡점의 접선은 곡선과 겹친다

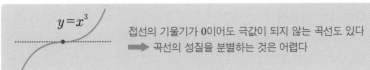

$y = x^3$

접선의 기울기가 0이어도 극값이 되지 않는 곡선도 있다
➡ 곡선의 성질을 분별하는 것은 어렵다

삼차함수 ②
증감표로 기울기의 양과 음을 정리한다

증감표를 이용하면 곡선의 움직임을 정리할 수 있다

삼차함수의 그래프를 처음부터 만든다고 생각해보자. 오르락내리락 복잡한 움직임을 보이는 곡선의 성질을 잘 정리하기 위해 우선 증감표를 작성한다. 예를 들어 $y = -x^3 + 3x$를 생각해보자. 먼저 식을 인수분해하고 x축과의 교점을 구한다.

$$y = -x^3 + 3x = -x(x + \sqrt{3})(x - \sqrt{3})$$

이에 따라 x축과의 교점인 x좌표는 $x = 0, \pm\sqrt{3}$ 이다. 다음으로 미분하여 기울기가 0이 되는 점을 구한다.

$$y' = -3x^2 + 3 = -3(x + 1)(x - 1)$$

따라서 $x = -1, 1$이며 기울기는 0이 된다. 이때 함수 y'의 양과 음에 대해 생각해보면 x^2의 계수가 음$(-)$이므로 이차함수 y'는 위로 볼록한 곡선을 그린다. 따라서 $-1 < x < 1$의 범위에서는 기울기가 양$(+)$, 즉 단조증가로 상승곡선을 그린다. 반대로 $x < -1$, $1 < x$의 범위에서는 기울기가 음$(-)$, 즉 단조감소로 하강곡선을 그리게 된다. 이로써 대강의 그래프 형태를 파악할 수 있을 것이다.

이를 표로 정리하면 오른쪽 아래와 같다. 이것이 바로 증감표이다. 각각 기울기가 0이 되는 지점에서 기울기의 단조증가와 단조감소가 변화하므로 $x = -1$에서 극솟값, $x = 1$에서 극댓값을 갖는다는 사실을 알 수 있다.

그러나 이것만으로는 아직 그래프의 변곡점이 어디인지, 곡선이 위로 볼록인지 아래도 볼록인지도 확신할 수 없다.

삼차함수 그래프 그리는 순서

$$y = -x^3 + 3x$$

$$y' = -3x^2 + 3$$

① x축과의 교점을 구한다

y를 인수분해한다.

$$y = -x^3 + 3x = -x(x^2 - 3)$$
$$= -x(x + \sqrt{3})(x - \sqrt{3})$$

➡ $x = 0, \pm\sqrt{3}$에서 x축과 만난다

② 기울기가 0이 되는 점을 구한다

$$y' = -3x^2 + 3 = -3(x + 1)(x - 1)$$

➡ $x = -1, 1$에서 기울기가 0이 된다

③ 기울기의 양과 음을 생각한다

$x < -1, 1 < x$에서 기울기가 음 ➡ 단조감소(하강곡선)

$-1 < x < 1$에서 기울기가 양 ➡ 단조증가(상승곡선)

④ 증감표를 정리한다

x	$\cdots$	-1	$\cdots$	1	$\cdots$
y'	$-$	0	$+$	0	$-$
y	$\searrow$	-2	$\nearrow$	2	$\searrow$

극솟값   극댓값

'기울기의 기울기'는 곡선의 오목·볼록을 나타낸다

172쪽에 이어서 삼차함수 $y = -x^3 + 3x$를 분석해보자. 증감표를 만들어 그래프의 대략적인 모습은 연상할 수 있었으나, 아직 변곡점의 위치나 그래프 곡선의 형태에 대해서는 확실히 알 수 없었다.

한편 함수를 두 번 미분하면 $y'' = -6x$가 되는데 이렇게 두 번 미분한 함수 y''는 '기울기의 기울기'를 나타낸다. 그렇다면 기울기의 기울기는 대체 무얼 말하는 것일까?

앞서 기울기가 양(+)이면 단조증가, 즉 상승의 의미라는 사실을 살펴보았다. 그러나 같은 상승이라도 두 종류의 곡선이 있다.

기울기가 매우 급해지고 아래로 볼록인 곡선을 상승 ①, 반대로 기울기가 완만해지고 위로 볼록인 곡선을 상승 ②라 한다. 오른쪽 그림과 같이 상승 ①은 기울기가 점점 커지므로 '기울기의 기울기' y''가 양(+)이 된다. 반대로 상승 ②는 기울기가 작아지므로 '기울기의 기울기' y''가 음(−)이 된다. 또한 같은 하강곡선이라도 y''가 양(+)일 경우 아래로 볼록인 하강곡선, y''가 음(−)일 경우에는 위로 볼록인 하강곡선을 그린다.

이처럼 '기울기의 기울기'인 y''는 곡선이 굽어지는 방향이 아래로 볼록인지 위로 볼록인지를 알려준다. $y'' = 0$이 될 때는 곡선이 굽어지는 방향이 변하는 점 즉 변곡점이 되는 것이다. 또한 y''를 증감표에 추가하면 오른쪽과 같이 그래프의 증감, 극값과 변곡점, 그리고 오목·볼록이 정리된다. x축과의 교점을 구했으니 그래프는 완성된 셈이다. 한편 습관적으로 생각했던 이차함수의 오목·볼록 또한 두 번 미분한 y''의 양과 음의 관계와 일치한다.

두 번 미분하여 곡선이 굽어지는 방향을 구한다

$$y = -x^3 + 3x$$

두 번 미분

$$y' = -3x^2 + 3, \quad y'' = -6x$$

$y' > 0$에서 단조증가인 두 곡선

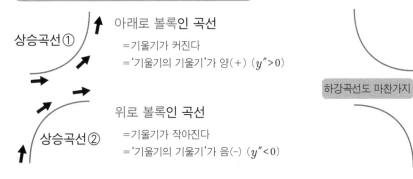

상승곡선①

아래로 볼록인 곡선
=기울기가 커진다
='기울기의 기울기'가 양(+) $(y'' > 0)$

위로 볼록인 곡선
=기울기가 작아진다
='기울기의 기울기'가 음(-) $(y'' < 0)$

상승곡선②

하강곡선도 마찬가지

'기울기의 기울기' y''는 곡선의 오목·볼록을 나타낸다!

· 증감표

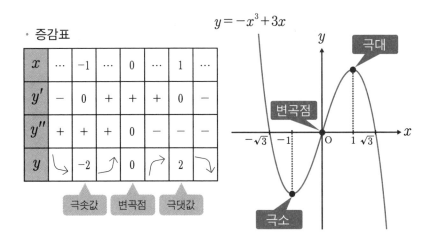

x	$\cdots$	-1	$\cdots$	0	$\cdots$	1	$\cdots$
y'	$-$	0	$+$	$+$	$+$	0	$-$
y''	$+$	$+$	$+$	0	$-$	$-$	$-$
y	↘	-2	↗	0	↗	2	↘

극솟값　　변곡점　　극댓값

$$y = -x^3 + 3x$$

극대

변곡점

극소

삼차함수 ④

다양한 삼차함수

삼차함수를 기울기와 오목·볼록으로 분류해본다

삼차함수의 그래프를 그리는 법을 배웠으니 그 성질에 대해 다시 한 번 정리해보자. 함수를 상수 a, b, c, d 를 사용하여 나타내면 아래와 같다.

$$y = ax^3 + bx^2 + cx + d \quad (a, b, c, d: 상수, \; a \neq 0)$$
$$y' = 3ax^2 + 2bx + C$$
$$y'' = 6ax + 2b$$

이때 이차함수가 되지 않기 위해 $a \neq 0$ 이다.

y'', 즉 오목·볼록한 곡선을 통해 생각해보자. a 가 양(+)이라면 '기울기의 기울기'는 음(−)에서 양(+)이 되므로, 위로 볼록인 곡선에서 아래로 볼록인 곡선으로 전환된다는 사실을 알 수 있다. 반대로 a 가 음(−)일 경우는 아래로 볼록인 곡선이 위로 볼록인 곡선으로 변한다.

계속해서 y' 즉 기울기를 생각하면 y' 와 x축의 교점을 통해 세 가지로 분류할 수 있다. 먼저 y' 와 x축과의 교점이 없는 경우를 생각해보자. 이때는 기울기가 양(+)이건 음(−)이건 0이 되는 점은 없다.

다음으로 y' 와 x축과의 교점이 하나, 즉 x축과 y' 의 꼭짓점이 접하는 경우를 생각해보자. 이때는 $y = x^3$과 같이 기울기가 0이 되는 점을 지나면서 상승 혹은 하강한다.

마지막으로 y' 와 x축과의 교점이 두 개인 경우를 생각해보자. 이때는 오목·볼록한 구간이 각각 하나씩 생기며, 이 y' 와 x축의 교점이 각각 극대와 극소가 된다. 사차함수 이후도 이와 똑같이 기울기와 오목·볼록으로 분류할 수 있다.

삼차함수의 패턴을 철저히 분류하자

삼차함수의 식

함수 $\quad y = ax^3 + bx^2 + cx + d$

기울기 $\quad y' = 3ax^2 + 2bx + C$

오목·볼록 $\quad y'' = 6ax + 2b$ $\quad$ (a, b, c, d: 상수, $a \neq 0$)

오목·볼록 y''로 나눈다

• $a > 0$일 때
y''가 음(−)에서 양(+)으로 바뀌므로

위로 볼록 → 아래로 볼록

• $a < 0$일 때
y''가 양(+)에서 음(−)으로 바뀌므로

아래로 볼록 → 위로 볼록

기울기 y'로 나눈다

y'와 x축의 교점이 없을 때

• $a > 0$일 때

기울기 0인 점이 없다

• $a < 0$일 때

기울기 0인 점이 없다

y'와 x축이 한 점에서 접할 때

• $a > 0$일 때
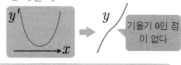
기울기 0

• $a < 0$일 때
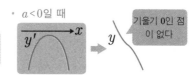
기울기 0

y'와 x축이 두 점에서 접할 때

• $a > 0$일 때
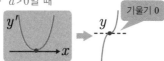

• $a < 0$일 때
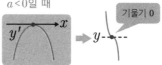

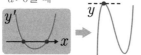

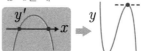

한정된 재료를 위한 미분 ①

최댓값을 구하기 위한 미분

천을 효율적으로 사용해서 최대한 큰 상자를 만들려고 한다

목재에 천을 붙여서 윗면이 없는 최대한 큰 직육면체 상자를 만들려고 한다. 목재는 충분하지만 좋은 천은 비싸므로 효율적으로 사용하기 위해 폭 2m의 롤 천을 잘라서 구입했다. 이 천의 가격은 자른 천의 길이에 따라 결정되며 예산상 길이 10m까지만 구입할 수 있었다.

만드는 순서는 오른쪽과 같이 사각형 천의 네 귀퉁이를 각각 정사각형으로 잘라낸 뒤 상자에 붙여 완성시킨다.

이때 한정된 재료로 최대한 큰 상자를 만들기 위해서는 어떤 크기의 천을 잘라내고 어느 정도의 부피를 지니는 상자가 될지 구해보자.

면적이 최대가 되도록 천 자르기

우선 천을 어느 정도 잘라야 할지 생각한다. 큰 상자가 만들어지도록 가장 큰 면적 S의 천에 대해 생각해보자.

잘라낼 사각형의 변을 a, b라 하고 천의 롤 길이를 a라 하자. 물론 면적은 가로 곱하기 세로로 계산할 수 있다. 그리고 길이가 10m라는 사실, a는 롤의 폭인 2m 이하라는 사실을 생각해보면,

$$S = ab \quad 2a + 2b = 10 \quad 0 < a \leq 2$$

의 세 가지 식을 세울 수 있다.

커다란 상자를 만들기 위해

문제) 폭 2m의 천을 10m 길이로 잘라 아래와 같은 순서로 최대한 큰 상자에 붙여서 선물상자를 만들려고 한다.

❶ 천을 자른다

❷ 네 귀퉁이의 사각형을 잘라낸다

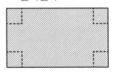

2m

❸ 크기를 맞춘 상자에 붙인다

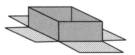

면적이 최대가 되도록 천을 잘라 붙인다

잘라내는 사각형의 변을 ab라 하면,

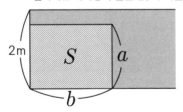

2m

S

a

b

➡

- 면적 S는 가로×세로 $S = ab$

- 길이는 10m $2a + 2b = 10$

- 롤의 폭은 2m까지 $0 < a \leqq 2$

한정된 재료를 위한 미분 ②

한정된 천의 크기를 이차함수로 나타낸다

이차함수를 분석해 천의 최대 면적을 구한다

계속해서 최대한 큰 면적의 천을 잘라보자. 178쪽 변의 길이 a, b로 나타내는 세 가지 식에 오른쪽과 같이 ①부터 ③의 번호를 각각 붙인다. 그리고 변수를 하나 줄여 면적 S의 식을 a로만 나타내보자. ②를 변형하면 $b=5-a$가 되고 이를 ①에 대입하면 a의 이차함수가 된다. 또한 S를 a로 미분하면,

$$S(a)=a(5-a) \qquad S'(a)=-2a+5$$

가 된다. $a=\dfrac{5}{2}$ 일 때, $S'(a)=0$이므로 이차함수의 꼭짓점은 $\left(\dfrac{5}{2}, \dfrac{25}{4}\right)$가 된다. 면적 S와 변 a의 관계를 그래프로 나타내면 이차항 a^2의 계수가 음$(-)$이므로 위로 볼록한 곡선을 그린다. 이때 ③에 따라 $0<a\leq2$에서 면적 S는 단조증가이므로, $a=2$이고 $b=3$일 때 면적은 $S(2)=6$에서 최대가 된다.

직육면체 상자의 부피를 삼차함수로 나타낸다

이번에는 오른쪽 아래 그림처럼 가로 3m, 세로 2m의 직사각형 천 네 귀퉁이에서 정사각형을 잘라내어 최대한 큰 상자를 만들어보자.

이 정사각형의 한 변은 상자가 완성되었을 때 높이가 되므로, 모든 네 귀퉁이에서 같은 크기의 정사각형을 잘라낸다. 이 정사각형의 한 변을 x라 하면 부피는 '가로'×'세로'×'높이'이므로,

$$V(x)=x(2-2x)(3-2x)=4x^3-10x^2+6x$$

와 같이 x의 삼차함수로 나타낼 수 있다.

천의 최대 면적을 구한다

$$S=ab \qquad \cdots ①$$
$$2a+2b=10 \qquad \cdots ②$$
$$0<a \leqq 2 \qquad \cdots ③$$

면적이 최대가 되도록 천을 자른다

②에 따라 $b=5-a$
이를 ①에 대입하면

> 면적을 a의 이차함수로 나타낼 수 있다

$$S(a)=a(5-a)=-a^2+5a$$

미분

$$S'(a)=-2a+5$$

$S'\left(\dfrac{5}{2}\right)=0$이므로 $S\left(\dfrac{5}{2}\right)=\dfrac{25}{4}$

따라서 $S(a)$의 꼭짓점은 $\left(\dfrac{5}{2}, \dfrac{25}{4}\right)$

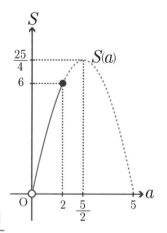

③에 따라 $0<a \leqq 2$에서는 면적 S는 단조증가이므로

$a=2$이고 $b=3$일 때 면적은 $S(2)=6$에서 최대

직육면체 상자의 부피를 생각한다

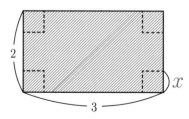

정사각형의 한 변을 x라 하면

$$V(x)=x(2-2x)(3-2x)$$
$$=4x^3-10x^2+6x$$

한정된 재료를 위한 미분 ③
삼차함수로 나타난 부피의 최댓값

삼차함수의 움직임을 분석해 최댓값을 구한다

계속해서 커다란 상자를 만들어보자. 이를 위해 높이 x의 삼차함수로 나타난 부피 $V(x)$를 그래프를 그리면서 분석해보기로 한다.

우선 $V(x)=x(2-2x)(3-2x)$로부터 삼차함수 $V(x)$가 $x=0, 1, \dfrac{3}{2}$에서 x축과 만난다는 사실을 알 수 있다. 또한 V를 x로 미분하면,

$$V'(x) = (4x^3 - 10x^2 + 6x)' = 12x^2 - 20x + 6$$

이 된다. 삼차함수의 꼭짓점을 구하기 위해 $V'(x)=0$이라 하면, $x=\dfrac{5\pm\sqrt{7}}{6}$에서 극값을 갖는다. $V(x)$의 기울기를 증감표에 정리해보면 위로 볼록에서 아래로 볼록으로 변화하는 곡선이라는 사실을 알 수 있으며 그래프는 오른쪽 그림과 같다.

이때 직사각형 한 변의 길이는 0 이상이므로 $2-2x>0$에 따라 $0<x<1$이다. 따라서 V는 $x=\dfrac{5-\sqrt{7}}{6}$에서 최대가 된다. 각각의 변을 계산하면 가로 $\dfrac{1+\sqrt{7}}{3}$, 세로 $\dfrac{4+\sqrt{7}}{3}$, 높이 $\dfrac{5-\sqrt{7}}{6}$이 된다. 이를 오른쪽과 같이 계산하면,

$$V\left(\frac{5-\sqrt{7}}{6}\right) = \frac{10+7\sqrt{7}}{27}$$

에서 부피가 최대인 직육면체 상자를 구할 수 있다.

매우 세밀하고 복잡한 값이 되었지만, 거꾸로 생각해보면 단순한 감으로는 이렇게 정확한 길이로 자르기 어려울 테니 적분을 이용한 보람이 있다.

삼차함수의 그래프를 그려 분석한다

미분

$$V(x) = x(2-2x)(3-2x) \cdots ①$$
$$= 4x^3 - 10x^2 + 6x$$

①에 따라 $x = 0, 1, \dfrac{3}{2}$ 에서 x축과 만난다

$$V'(x) = 12x^2 - 20x + 6$$

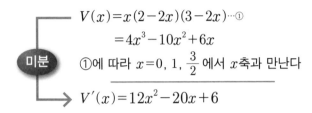

$V'(x) = 0$일 때

$$x = \frac{-b \pm \sqrt{b^2 - 4ac}}{2a}$$ 에 따라

$$x = \frac{5 \pm \sqrt{7}}{6}$$

⬇ 표로 만든다

• 증감표

x	$\cdots$	$\dfrac{5-\sqrt{7}}{6}$	$\cdots$	$\dfrac{5+\sqrt{7}}{6}$	$\cdots$
V'	+	0	−	0	+
V	↗		↘		↗

그래프로

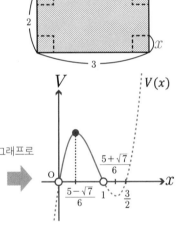

부피의 최댓값을 구한다

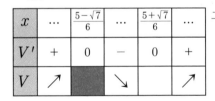
세로 / 높이 / 가로

한 변의 길이는 0 이상이므로 $2 - 2x > 0 \Leftrightarrow 0 < x < 1$

따라서 $x = \dfrac{5 - \sqrt{7}}{6}$ 일 때 가로 $\dfrac{1 + \sqrt{7}}{3}$, 세로 $\dfrac{4 + \sqrt{7}}{3}$, 높이 $\dfrac{5 - \sqrt{7}}{3}$ 이므로,

$$V\left(\frac{5 - \sqrt{7}}{6}\right) = \frac{1 + \sqrt{7}}{3} \times \frac{4 + \sqrt{7}}{3} \times \frac{5 - \sqrt{7}}{6} = \frac{10 + 7\sqrt{7}}{27}$$

최대 부피

미분을 이용해 거리와 속도를 자유자재로 계산한다

조약돌을 자신의 머리 위 수직방향으로 던졌을 때, x초 후 지면으로부터의 조약돌의 높이 ym를 관측하면 아래와 같이 나타낼 수 있다.

$$y = -5x^2 + 30x$$

계속해서 조약돌이 몇 초 후 가장 높이 올라가게 될지 구해보자. 이 식을 미분하면,

$$y' = -10x + 30$$

이 되는데, 이때 제3장에서 살펴본 거리와 속도와 시간의 관계(100쪽 참조)를 떠올려보면 y'는 거리를 시간으로 미분하는 것이었으므로 속도를 의미한다.

$y'=0$일 경우의 꼭짓점을 구하면 $f'(3)=0$이므로 3초 후에 가장 높은 위치 $f'(3)=45\,(\mathrm{m})$까지 올라가게 된다. 이 정도는 여러분도 쉽게 이해할 수 있을 것이다.

그렇다면 이 조약돌은 처음에 어느 정도의 속도로 위에 던져진 것일까? 또한 조약돌이 낙하하여 초속 20m가 되는 것은 몇 초 후이며 어느 정도의 높이일 때일까?

처음 속도는 $f'(0)=30$이므로 초속 30m가 된다. 또한 위 방향이 양($+$)이므로 낙하 방향은 음($-$)이 된다. $y'=-20$일 때 $x=5$가 되고 $f(5)=25$이므로, 5초 후 지상으로부터 25m의 높이에서 초속 20m가 된다.

미분을 이용하면 이렇게 자유자재로 속도와 거리와 시간의 관계를 분석할 수 있다.

속도와 시간의 관계

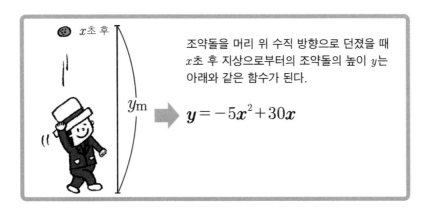

조약돌을 머리 위 수직 방향으로 던졌을 때 x초 후 지상으로부터의 조약돌의 높이 y는 아래와 같은 함수가 된다.

$$y = -5x^2 + 30x$$

거리와 속도의 관계

거리 → 시간으로 미분 → 속도

문제 조약돌이 가장 높이 올라가는 것은 몇 초 후?

$$y' = -10x + 30 \quad \text{← } y' \text{는 속도}$$

$f'(3) = 0$이고 $f(3) = 45$이므로

<u>3초 후에 45m까지 올라간다</u>

문제 조약돌의 처음 속도는?

$$f'(0) = 30 \text{이므로}$$

<u>초속 30m/s</u>

문제 조약돌이 낙하하여 초속 20m가 되는 것은 몇 초 후일까?

$$f'(5) = -20 \text{이고 } f(5) = 25 \text{이므로}$$

<u>5초 후에 25m 높이에서 초속 20m가 된다.</u>

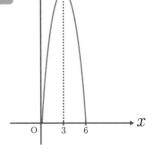

아래 방향의 속도는 음(-)

물리의 법칙과 미분 · 적분 ②

적분을 이용해 물리 공식을 도출한다

가속도에서 등가속도운동의 물리 공식을 도출할 수 있다

끝없이 깊은 우물에 조약돌을 떨어뜨린 경우를 생각해보자. 공기저항을 무시한다면 자유낙하는 중력이라는 일정가속도 g에 따른다. 이번에도 거리와 속도와 시간의 관계를 이용해보자. 앞서 거리를 시간으로 미분하면 속도가 되고, 속도를 시간으로 미분하면 가속도가 된다는 사실을 살펴보았다. 이때 조약돌의 가속도 g를 y''이라 생각하면 x초 후의 속도 y'는,

$$y' = \int y''dx = \int gdx = gx + C \text{ (} C \text{: 적분상수)}$$

로 나타낼 수 있다. 이때 손을 뗀 순간 즉 $x=0$초의 처음 속도는 0이므로, $C=0$이고, $y'=gx$가 된다. 이 식을 통해 조약돌은 일차함수에 따라 속도가 증가하게 된다는 사실을 알 수 있다.

나아가 속도를 시간으로 적분하면 거리가 되므로 거리 y는,

$$y = \int y' \, dx = \frac{1}{2}gx^2 + C \text{ (} C \text{: 적분상수)}$$

로 나타낼 수 있다. 이 또한 손을 뗀 순간, 즉 $x=0$초 때의 거리는 0이므로 $C=0$이고 $y=\frac{1}{2}gx^2$이다. 조약돌의 이동거리는 시간의 이차함수로 나타낼 수 있다.

이는 사실 물리의 등가속도직선운동 공식인,

$$S \text{(이동거리)} = V_0t \text{ (처음속도)} + \frac{1}{2}gt^2$$

과 같다. 이처럼 물리 공식도 적분을 통해 간단히 도출할 수 있다.

가속도에서 이동거리를 구한다

우물에 조약돌을 떨어뜨렸을 때 자유낙하의 중력가속도는 g이다

가속도와 속도와 거리의 관계

거리 → 시간으로 미분 → 속도 → 시간으로 미분 → 가속도

문제 x초 후의 속도 y'를 구한다

$y''=g$ 라 생각하고 적분한다.

$$y'=\int y''dx=\int gdx=gx+C \quad (C : 적분상수)$$

0초일 때의 속도는 0이므로 $f'(0)=0$에 따라 $C=0$

$$y'=gx \quad \blacktriangleleft 속도$$

문제 x초 후의 이동거리 y를 구한다

속도를 시간으로 적분한다.

$$y=\int y'\,dx=\frac{1}{2}gx^2+C \quad (C : 적분상수)$$

0초일 때의 거리는 0이므로 $f(0)=0$에 따라 $C=0$

$$y=\frac{1}{2}gx^2$$

등가속도직선운동의 물리 공식과 일치!

$$S(이동거리)=V_0t(처음속도)+\frac{1}{2}gt^2$$

물리 공식도 미적분의 관계에 따른다

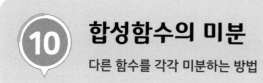

다소 복잡한 함수를 다른 함수로 묶어 손쉽게 계산한다

x와 y의 함수 사이에 또 다른 함수를 가정함으로써 미분을 간단히 만드는 방법을 합성함수의 미분이라 한다.

예를 들어 $y=(x^2-7x+1)^2-3(x^2-7x+1)$의 함수를 미분해야 한다고 하자. 꽤 복잡해 보이는 식이지만 x^2-7x+1이 식 안에 정리되어 있다. 이때 또 다른 함수 g를 가정하여 변수 $t=x^2-7x+1$이라 해둔다. y를 f로, t를 g로 나타내면,

$$y=f(t)=t^2-3t \quad t=g(x)=x^2-7x+1$$

이 된다. 이때 두 함수(합성함수)로 나타낸 도함수를 오른쪽 위와 같이 계산하면,

$$\frac{dy}{dx}=\frac{dy}{dt}\cdot\frac{dt}{dx}$$

라는 미분 공식이 성립된다. 이때 지금까지는 별로 의식하지 않았던, 함수를 무엇으로 미분하는지가 중요하다. 일단 t로 미분하고 t의 내용을 x로 미분한 것과 곱하면 y를 x로 미분한 것과 같다.

이에 따라 문제를 풀어보면,

$$y'=f'(t)\cdot g'(x)=(2t-3)(2x-7)$$

로 나타낼 수 있다. $t=x^2-7x+1$을 대입하면 오른쪽과 같이 y'를 손쉽게 구할 수 있다. 머릿속으로 생각하면 조금 복잡하게 느껴질지 모르지만 실제로 문제를 풀어 연습해보면 금방 익숙해진다.

합성함수의 미분공식

$y=f(t)$, $t=g(x)$의 합성함수로 나타낼 때, $y=f(g(x))$의 도함수에 따라

$$\frac{dy}{dx}=\lim_{\Delta x \to 0}\frac{f(g(x+\Delta x))-f(g(x))}{\Delta x}$$

$$=\lim_{\Delta x \to 0}\left\{\frac{f(g(x+\Delta x))-f(g(x))}{g(x+\Delta x)-g(x)}\cdot\frac{g(x+\Delta x)-g(x)}{\Delta x}\right\}$$

$t=g(x)$에 따라 $\Delta t=g(x+\Delta x)-g(x)$라 할 때 $g(x+\Delta x)=g(x)+\Delta t=t+\Delta t$이다

$$=\lim_{\Delta x \to 0}\left\{\frac{f(t+\Delta t)-f(t)}{\Delta t}\cdot\frac{g(x+\Delta x)-g(x)}{\Delta x}\right\}$$

$\Delta x \to 0$이라면 $\Delta t \to 0$이 되므로

$$=\lim_{\Delta t \to 0}\frac{f(t+\Delta t)-f(g(x))}{\Delta t}\cdot\lim_{\Delta x \to 0}\frac{g(x+\Delta x)-g(x)}{\Delta x}$$

$$=f'(t)\cdot g'(x)=\underline{\frac{dy}{dt}\cdot\frac{dt}{dx}}$$

공식

문제 아래 함수를 x로 미분하라.

$$y=(x^2-7x+1)^2-3(x^2-7x+1)$$

$$y'=\{(x^2-7x+1)^2-3(x^2-7x+1)\}'$$

$t=x^2-7x+1$이라면

$$y=f(t)=t^2-3t,\ g(x)=x^2-7x+1$$이므로

$$=\frac{d}{dt}f(t)\cdot\frac{d}{dx}g(x)$$ ◀ 합성함수 미분 공식

$$=(2t-3)(2x-7)=\{2(x^2-7x+1)-3\}(2x-7)$$

$$=(2x^2-14x-1)(2x-7)$$ $t=x^2-7x+1$

$$=4x^3-28x^2-2x-14x^2+98x+7$$

$$=4x^3-42x^2+96x+7$$

삼차함수의 적분

삼차함수와 직선에 둘러싸인 면적

그래프로 대략적인 모습을 알 수 있다면 다른 정적분과 같다

지금까지 배운 삼차함수를 토대로 이제부터는 삼차함수의 정적분을 살펴보자. 아래와 같은 두 함수, 직선 $f(x)$와 곡선 $g(x)$에 둘러싸인 면적 S을 구해보자.

$$f(x)=4x \qquad g(x)=2x^3-4x$$

$g(x)$의 그래프를 그리기 위해 먼저 미분하면 $g'(x)=6x^2-4$이므로 $g'(x)=0$일 때 $x=\pm\sqrt{\dfrac{2}{3}}$ 이다. 따라서 증감표는 오른쪽과 같다. 이에 따라 위로 볼록한 곡선이 만들어지고 다시 아래로 볼록한 곡선이 나타난다.

다음으로 $f(x)$와 $g(x)$의 교점을 구해보자. 서로 양변에 대입하여 인수분해 하면,

$$0=2x(x+2)(x-2)$$

가 되어 $x=-2, 0, 2$일 때 교점을 가진다는 사실을 알 수 있다.

이를 오른쪽 그림과 같이 그래프로 만들면 -2부터 0의 범위에 둘러싸인 면적 S_1과 0부터 2에 둘러싸인 면적 S_2를 더하면 된다는 사실을 알 수 있다.

이때 그래프를 보고 미리 알아챈 사람도 있겠지만 $f(x)$와 $g(x)$ 모두 $f(x)=-f(-x)$를 만족하는 점대칭인 기함수(146쪽 참조)이므로 $S_1=S_2$가 된다. 따라서 한쪽 변을 구하고 2배로 만들면 된다. S_2는 $0\leq x\leq 2$의 범위에서 $f(x)\geq g(x)$가 되므로,

$$S=2\times\int_0^2 \{f(x)-g(x)\}\,dx$$

의 식이 성립된다. 따라서 오른쪽과 같이 계산하면 $S=16$이 된다.

삼차함수에 둘러싸인 면적 구하는 법

> **문제** 함수 $f(x)$와 $g(x)$에 둘러싸인 면적 S를 구한다
>
> $$f(x)=4x$$
> $$g(x)=2x^3-4x$$

❶ 그래프를 그린다

$$g'(x)=6x^2-4$$

$g'(x)=0$일 때 $x=\pm\sqrt{\dfrac{2}{3}}$ 이므로

$f(x)$와 $g(x)$의 교점을 구한다

$$4x=2x^3-4x \Leftrightarrow 0=2x^3-8x$$

$$\Leftrightarrow 0=2x(x+2)(x-2)$$

$f(x)$와 $g(x)$는 $x=-2$, 0, 2에서 만난다

• 증감표

x	$\cdots$	$-\sqrt{\dfrac{2}{3}}$	$\cdots$	$\sqrt{\dfrac{2}{3}}$	$\cdots$
y'	$+$	0	$-$	0	$+$
y	↗		↘		↗

❷ 정적분하여 면적을 구한다

$$S=\int_{-2}^{2}|f(x)-g(x)|\,dx$$

> $f(x)$와 $g(x)$ 모두 기함수

$$=2\times\int_{0}^{2}\{f(x)-g(x)\}\,dx$$

$$=2\times\int_{0}^{2}(-2x^3+8x)\,dx=2\times\left[-\frac{1}{2}x^4+4x^2\right]_{0}^{2}$$

$$=2\left(-\frac{1}{2}\times2^4+4\times2^2-0\right)=\underline{16}$$

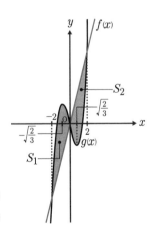

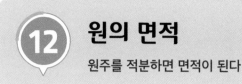

원의 면적
원주를 적분하면 면적이 된다

원의 면적은 반지름이 다른 원주를 겹겹이 쌓은 것이다

반지름을 r이라 했을 때 적분을 이용해 원의 면적 공식을 도출해보자. 애당초 π (3.141592⋯)란 원주의 길이와 지름의 비율을 나타내는 것이다. 그 이름도 원주의 비율, 즉 '원주율' π인 것이다. 따라서 원주의 길이 $L = \pi \times 2r = 2\pi r$이다.

반지름을 변수 x라 하면 원주의 길이는 $2\pi x$로 나타낼 수 있다. 이 원에 폭 Δx의 얇은 막을 씌워보자.

원의 면적을 $S(x)$라 하면 원의 둘레에 씌워진 얇은 막의 면적 ΔS는 $S(x + \Delta x) - S(x)$로 나타낼 수 있다. 이때 얇은 막을 가위로 싹둑 잘라 끈처럼 늘려보면 밑변이 $2\pi(x + \Delta x)$이고 윗변이 $2\pi x$, 높이 Δx의 사다리꼴이 만들어질 것이므로, 아래와 같은 식이 성립한다.

$$S(x + \Delta x) - S(x) = \Delta S = 2\pi x + \Delta x + \pi \Delta x^2$$

이 식의 양변을 Δx로 나누고 얇은 막의 폭 Δx가 끝없이 작다고 생각하면,

$$\lim_{\Delta x \to 0} \frac{\Delta S}{\Delta x} = 2\pi x$$

가 된다. $\pi \Delta x$는 $\Delta x \to 0$이므로 0이 된다. 이 식은 원의 면적 $S(x)$를 미분한 $\frac{d}{dx} S(x)$과 같은 의미이므로 x로 적분하면 $S(x)$가 구해질 것이다.

즉 이 적분은 얇은 막의 면적(원주의 길이)을 바움쿠헨처럼 겹겹이 쌓아, 원 전체의 면적을 구하는 것이다. 적분상수는 x가 0일 때 면적도 0이므로 $C = 0$이 된다. 따라서 오른쪽과 같이 계산하면 $S = \pi x^2$이 구해진다.

원의 면적 공식을 도출한다

원의 반지름을 x, 면적을 $S(x)$라 한다

원주의 길이 $=2\pi x$

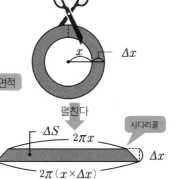

얇은 막을 씌운다

폭 Δx의 얇은 막을 원 둘레에 씌우고
막을 가위로 잘라서 펼친다

$$\Delta S = S(x+\Delta x) - S(x)$$

사다리꼴의 면적

$$= \frac{2\pi(x \times \Delta x) + 2\pi x}{2} \times \Delta x$$

$$= 2\pi x \times \Delta x + \pi \Delta x^2 \cdots ①$$

펼친다

사다리꼴

ΔS

$2\pi x$

Δx

$2\pi(x \times \Delta x)$

Δx의 극한을 취한다

①의 양변을 Δx로 나눈다.

$$\frac{\Delta S}{\Delta x} = 2\pi x + \pi \Delta x$$

$\Delta x \to 0$에서 극한을 취하면

$\Delta x \to 0$

$$\lim_{\Delta x \to 0} \frac{\Delta S}{\Delta x} = \lim_{\Delta x \to 0} \{2\pi x + \pi \Delta x\} = 2\pi x$$

$\dfrac{d}{dx} S(x)$와 같은 의미

x로 적분한다

$$\int \frac{d}{dx} S(x)\, dx = \int 2\pi x\, dx = \pi x^2 + C \quad (C : 적분상수)$$

$x=0$일 때 면적이 0이므로 $C=0$

따라서 $S(x) = \pi x^2$ 　원의 면적 공식

구의 부피

단면의 원을 적분한다

반지름이 다른 원의 단면적을 겹겹이 쌓으면 구체의 부피가 된다

앞쪽에서는 원주의 길이 $2\pi r$을 적분함으로써 원의 면적을 πr^2으로 도출할 수 있다는 사실을 살펴보았다. 이번에는 적분을 이용해 구체의 부피 공식도 도출해보자

구체의 반지름을 r이라 하고, 구의 중심을 xy좌표에 둔 후 xy좌표의 평면에서 생각하면 원이 된다. 원의 식은 $x^2+y^2=r^2$으로 나타낼 수 있다.

이때 오른쪽과 같이 좌표평면에 수직방향으로 자른 얇은 원을 겹겹이 쌓은 것이 구체의 부피라 생각해보자. 예를 들어 $x=0$일 때 구체의 단면적은 반지름이 r인 원의 면적과 같으므로 πr^2이다. 이 단면 원의 반지름은 xy좌표상 원의 식의 y에 해당하므로, 원의 식을 변형하여 $y=\pm\sqrt{r^2-x^2}$ 으로 나타낼 수 있다. 이때 반지름은 길이로 인식하므로 음($-$)은 고려할 필요가 없다. 좌표축에 수직방향인 구체의 단면적 S와, 이를 겹겹이 쌓듯이 $-r$부터 r까지를 정적분한 부피 V를 나타내면,

$$S=\pi\left(\sqrt{r^2-x^2}\,\right)^2=\pi\left(r^2-x^2\right)$$

$$V=\int_{-r}^{r}\pi\left(r^2-x^2\right)dx=2\pi\int_{0}^{r}\left(r^2-x^2\right)dx$$

와 같은 식이 만들어진다. V의 계산은 구체가 좌우대칭이므로 0부터 r까지의 반구의 부피를 구한 후 2를 곱한 것이다. 이 정적분을 계산하면 $V=\dfrac{4}{3}\pi r^3$의 공식과 같은 결과가 나온다.

이제 더 이상 공식을 힘들게 외우지 않아도 되는 것이다.

구의 부피 공식을 도출한다

반지름이 r인 구체의 중심을 xy좌표의 원점 0과 포갠다

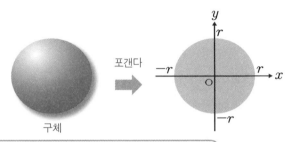

구체

포갠다

구를 좌표평면의 수직방향으로 자른다

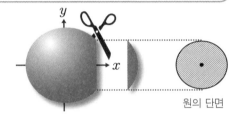

원의 단면

원의 식에 따라 단면의 반지름을 구한다.

$$x^2+y^2=r^2 \iff y^2=r^2-x^2$$

$$\iff y=\pm\sqrt{r^2-x^2}$$

> 길이는 음(-)이 될 수 없으므로 반지름은 $\sqrt{r^2-x^2}$

원의 단면적은,

$$S=\pi(\sqrt{r^2-x^2})^2=\pi(r^2-x^2)$$

단면적을 겹겹이 쌓는다고 생각하여 정적분하면,

> 구체는 좌우대칭이므로,

$$V=\int_{-r}^{r}\pi(r^2-x^2)\,dx=2\pi\int_{0}^{r}(r^2-x^2)\,dx$$

> r은 상수

$$=2\pi\left[\,r^2x-\frac{1}{3}x^3\right]_{0}^{r}=2\pi\left(r^3-\frac{1}{3}r^3-0\right)$$

$$=2\pi\times\frac{2}{3}r^3=\frac{4}{3}\pi r^3$$

> 구의 부피 공식!

구의 표면적

14

구체의 부피를 미분한다

표면적을 겹겹이 쌓으면 구체의 부피가 된다

194쪽에서는 적분을 통해 반지름이 r인 구의 부피가 $\frac{4}{3}\pi r^3$로 도출된다는 사실을 살펴보았다. 그렇다면 이번에는 미분을 이용해 구의 표면적을 도출해보자.

반지름이 r인 구의 표면에 사과껍질과 같은 얇은 막이 덮여 있고, 이 두께 Δr의 막이 몇 겹이나 쌓여 구체가 되었다고 생각해보자. 구체 주변 막의 부피 ΔV는, 막의 표면적을 $S(r)$이라 하면 $\Delta V = S(r+\Delta r) \times \Delta r$로 나타낼 수 있다. 이 식의 양변을 Δr로 나누고 막의 폭 Δr을 끝없이 얇은 극한으로 나타내면,

$$\lim_{\Delta r \to 0} \frac{\Delta V}{\Delta r} = \lim_{\Delta r \to 0} S(r+\Delta r) = S(r)$$

이 된다. 이 식은 부피를 반지름 r로 미분하면 표면적 $S(r)$이 된다는 의미이다. 즉 부피 $V(r)$의 공식을 r로 미분하면,

$$S(r) = \frac{d}{dr}V = \left(\frac{4}{3}\pi r^3\right)' = 4\pi r^2$$

으로 $S(r)$이 구해지는 것이다. 이는 반지름이 r인 구의 표면적 공식과 일치한다. 물론 이 표면적 공식을 r로 적분해도 부피의 공식으로 이어진다.

r의 차원에 따라 길이와 면적과 부피가 달라진다

이로써 원의 면적, 구의 표면적, 구의 부피가 미분·적분으로부터 도출되었다. 또 오른쪽 아래와 같이 원의 반지름 r의 차수에 따라 길이, 면적, 부피가 나누어진다. 흥미롭지 않은가?

196 미분·적분 더 쉽게 이해하자

구의 표면적 공식을 도출한다

반지름이 r인 구체의 부피를 V, 표면적을 S라 한다

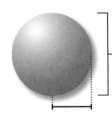

표면적: S
부피: V

$$V = \frac{4}{3}\pi r^3$$

두께가 Δr인 막에 덮여 있다고 생각한다

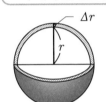

막의 부피 ΔV는

$$\Delta V = S(r + \Delta r) \times \Delta r \Leftrightarrow \frac{\Delta V}{\Delta r} = S(r + \Delta r)$$

$\pi r \to 0$이라면

$$\lim_{\Delta r \to 0} \frac{\Delta V}{\Delta r} = \lim_{\Delta r \to 0} S(r + \Delta r) = S(r)$$

$\dfrac{d}{dx}V$와 같은 의미

구체를 얇은 막이 모인 것이라고 생각한다

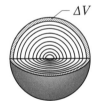

V를 r로 미분하면 $S(r)$이므로,

$$S(r) = \frac{d}{dr}V$$

구의 표면적 공식!

$$= \left(\frac{4}{3}\pi r^3\right)' = 4\pi r^2$$

차원에 따라 변하는 공식

- 길이(1차원)   원주 $= 2\pi r$
- 면적(2차원)

  원의 면적 $= \pi r^2$ 구의 표면적 $= 4\pi r^2$
- 부피(3차원)   구의 부피 $= \dfrac{4}{3}\pi r^3$

원뿔의 부피

밑면에 평행한 단면을 적분한다

단면의 원을 겹겹이 쌓듯이 정적분해 부피를 구한다

지금까지 원과 구에 대해 살펴보았고, 계속해서 원뿔의 부피 공식도 적분을 이용해 도출해보자. 원뿔은 밑면이 원 형태이다. 이 원의 반지름을 r, 높이를 h라 하자.

밑면과 평행하게 원뿔을 자르면 원뿔의 꼭짓점부터 밑면까지 어디를 잘라도 단면은 원 모양이 나온다. 이 단면의 원을 겹겹이 쌓은 것이 원뿔의 부피일 때 적분을 해보자.

우선 원뿔을 세로로 자르면 단면은 삼각형이 된다. 원뿔의 꼭짓점을 원점 0으로 놓고 밑면 원의 중심까지 선을 그어 오른쪽 그림과 같이 x축으로 놓는다. 그러면 $x=h$일 때 단면의 반지름은 r이 된다. 이때 삼각형의 비를 생각해보면 길이 x일 때의 반지름 y는 $h:r=x:y$이므로 $y=\dfrac{r}{h}x$로 나타낼 수 있다. 따라서 높이가 x일 때 원뿔의 단면적 S는 아래의 식이 된다.

$$S=\pi\left(\frac{r}{h}x\right)^2=\frac{\pi r^2}{h^2}x^2$$

x가 0부터 h가 될 때까지 이 단면의 원을 겹겹이 쌓듯이 적분하면 원뿔이 되므로,

$$V=\int_0^h \frac{\pi r^2}{h^2}x^2 dx=\frac{\pi r^2}{h^2}\int_0^h x^2 dx$$

가 된다. 이를 오른쪽과 같이 계산하면 $V=\dfrac{1}{3}\pi r^2 h$가 되어, 공식대로 같은 높이인 원뿔 부피의 $\dfrac{1}{3}$이 되었다.

한편 경사면을 지닌 원뿔의 부피라도 단면이 원이기만 하면 높이가 같은 원기둥 부피의 $\dfrac{1}{3}$이 된다는 사실을 적분을 통해 도출할 수 있다.

원뿔을 세로로 자르고 원뿔의 꼭짓점을 원점 0으로 놓는다.

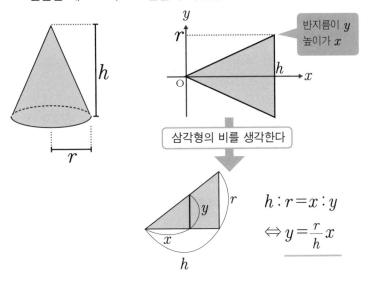

반지름이 y
높이가 x

삼각형의 비를 생각한다

$$h : r = x : y$$
$$\Leftrightarrow y = \frac{r}{h} x$$

원뿔을 밑면과 평행하게 자른다고 생각한다

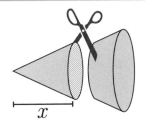

높이 x일 때 원형의 단면적 S는

$$S = \pi \left(\frac{r}{h} x \right)^2 = \frac{\pi r^2}{h^2} x^2$$

단면적을 겹겹이 쌓는다고 생각하고 정적분하면

$$V = \int_0^h \frac{\pi r^2}{h^2} x^2 \, dx = \frac{\pi r^2}{h^2} \int_0^h x^2 \, dx = \frac{\pi r^2}{h^2} \left[\frac{1}{3} x^3 \right]_0^h$$

$$= \frac{\pi r^2}{h^2} \left(\frac{1}{3} \times h^3 - 0 \right) = \frac{1}{3} \pi r^2 h$$

원뿔의 부피 공식

회전체의 부피 ①

이차함수를 x축 중심으로 회전시킨 입체

회전체 축에 수직인 회전체의 단면은 모두 원이 된다

지금까지 다양한 면적과 부피의 공식을 도출했는데, 이번에는 회전체의 부피에 대해 살펴보자.

이차함수 $y=x^2-1$이 있다. 이를 미분하면 $y'=2x$이므로 $f'(0)=0$, $f(0)=-1$이다. 따라서 꼭짓점 $(0, 1)$에서 아래로 볼록이 된다. 또한 인수분해하면 $y=(x+1)(x-1)$이므로 $x=-1, 1$에서 x축과 만난다. 그래프는 오른쪽과 같이 그려진다.

이 이차함수를 x축을 중심으로 회전시키면 x가 -1부터 1의 범위에서 x축과 함수에 둘러싸인(오른쪽 그림의 사선 표시) 부분은 빙그르 돌아 원반 혹은 팽이와 같은 모양이 된다. 이 입체의 부피를 구해보자.

회전체 부피의 포인트는 한마디로 말해 단면적이다. 회전체를 x축 방향에 수직으로 자르면 단면은 원이 된다. 회전체는 회전축에 수직방향으로 자르면 반드시 원형이 되는 것이다. 단면 원의 반지름은 함수 그대로 $y=x^2-1$이므로 단면적 S를 y로 나타낼 수 있다. 회전체의 부피 V를 이 단면의 원이 겹친 입체라고 생각하여, x가 -1부터 1의 범위에서 S를 적분하면,

$$S = \pi y^2 = \pi (x^2-1)^2 = \pi (x^4 - 2x^2 + 1)$$
$$V = \int_{-1}^{1} \pi (x^4 - 2x^2 + 1) dx$$

로 나타낼 수 있다. $y=x^2-1$은 우함수이므로 도중에 절반 범위를 두 배로 만드는 것이 가능하다. 식을 계산하면 오른쪽과 같이 $V=\dfrac{16}{15}\pi$가 된다.

회전체의 부피를 구하는 것은 그 방법만 파악하면 의외로 간단한 것이다.

회전체의 부피를 적분으로 구한다

> **문제** $y=x^2-1$을 x축을 중심으로 회전시켜 만들어지는 입체의 부피를 구하여라.

· 꼭짓점을 구한다

$y'=2x$

$f'(0)=0$, $f(0)=-1$이므로 꼭짓점은 $(0, -1)$

· x 축과의 교점을 구한다

$y=(x+1)(x-1)$ ➡ 교점 $x=-1, 1$

> 회전축에 수직인 단면을 생각한다

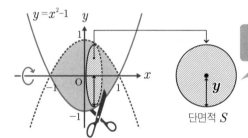

회전축에 수직인 회전체의
단면은 원이 된다!

단면적 S

단면적 S는 y가 반지름인 원이므로

$$S=\pi y^2=\pi (x^2-1)^2=\underline{\pi (x^4-2x^2+1)}$$

x가 -1부터 1의 범위에서 단면적을 적분한다

$$V=\int_{-1}^{1} S \, dx=\int_{-1}^{1} \pi (x^4-2x^2+1) \, dx$$

우함수이므로

$$=2\pi \times \int_{0}^{1} (x^4-2x^2+1) \, dx$$

$$=2\pi \times \left[\frac{1}{5} x^5-\frac{2}{3} x^3-x \right]_{0}^{1}$$

$$=2\pi \times \left(\frac{1}{5} -\frac{2}{3} +1-0 \right)=\underline{\frac{16}{15} \pi}$$

17 회전체의 부피 ②

이차함수를 y축 둘레로 회전시킨 입체

y축 방향으로 겹겹이 쌓을 경우는 y로 적분하면 된다

x축 방향으로 회전하는 회전체의 부피는 어려움 없이 구할 수 있었다. 이번에는 같은 이차함수 $y=x^2-1$을 y축 둘레로 회전시켰을 때 회전체의 부피를 구해 보자.

y축을 중심으로 회전시키면 이차함수가 밥그릇과 비슷한 모양의 회전체가 된다. 이때 회전체의 높이는 y의 -1부터 3까지라면 그래프는 앞 쪽에서 구한 것 그대로라고 생각해본다.

이 회전체도 회전축 y축에 수직인 단면은 원이 되므로, 이 원형의 단면적을 겹겹이 쌓아 부피를 구한다. y축 방향으로 단면을 겹겹이 쌓는다는 것은 dx가 아닌 dy를 겹겹이 쌓는, 즉 y로 적분하는 것이 된다. 따라서 x와 y가 지금까지의 계산과는 반대가 된다는 사실에 주의하자. 머릿속으로만 생각하면 낯설 수 있으니 그림이나 식을 그리고 쓰면서 생각해보면 좋다.

단면의 반지름은 함수 $y=x^2-1$의 x라 생각하면 y로 나타낼 수 있으므로, 식을 변형하면 $x=\pm\sqrt{y+1}$ 이 된다. 반지름의 길이이므로 음($-$)의 부호는 신경 쓰지 않아도 된다. 이 반지름 x로 나타낸 원의 단면적 S를 y축 방향으로 적분하면,

$$S=\pi x^2=\pi\left(\sqrt{y+1}\right)^2=\pi(y+1)$$

$$V=\int_{-1}^{3}\pi(y+1)dy$$

이다. y의 정적분 계산도 x와 y의 기호가 다를 뿐 계산은 완전히 같다. 따라서 오른쪽과 같이 계산하면 $V=8\pi$가 된다.

y축 둘레 회전체의 부피

문제 $y=x^2-1$을 y축 둘레로 회전시켜 만들어지는
입체의 부피를 구하여라

y축에 수직인 단면을 생각한다

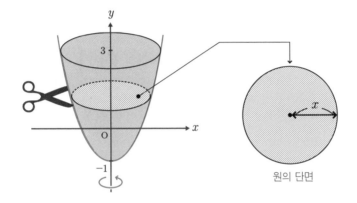

원의 단면

단면적은 단면의 위치가 y라 생각했을 때
이차함수의 식을 변형한 x로 나타낼 수 있다

단면 원의 반지름

$$y=x^2-1 \Leftrightarrow x=\pm\sqrt{y+1}$$

단면적 S는

$$S=\pi x^2=\pi(\sqrt{y+1})^2=\pi(y+1)$$

단면적을 -1부터 3까지 y로 적분한다

$$V=\int_{-1}^{3}S\,dy=\int_{-1}^{3}\pi(y+1)\,dy$$

y의 적분도 x의 적분과 동일

$$=\pi\int_{-1}^{3}(y+1)\,dy=\pi\left[\frac{1}{2}y^2+y\right]_{-1}^{3}$$

$$=\pi\left(\frac{9}{2}+3-\frac{1}{2}+1\right)=8\pi$$

회전체의 부피 ③
바움쿠헨 분할의 개념

회전체에 평행한 옆넓이를 적분한다

앞서 회전체의 부피를 구할 때 회전축에 수직인 단면을 생각하면 원이 된다는 사실을 살펴보았다. x축 둘레라면 x축에 수직인 단면의 원은 πy^2, y축 둘레라면 y축에 수직인 단면의 원은 x^2으로 나타낼 수 있다. 적분의 범위가 a부터 b까지라면,

$$x축 \, 둘레의 \, V = \int_a^b \pi y^2 dx \quad y축 \, 둘레의 \, V = \int_a^b \pi x^2 dx$$

로 정리할 수 있다. 그러나 오목·볼록이 없는 단순한 회전체 외에는 이 공식을 다양한 경우로 나누어 이용해야 한다. 이때 오목·볼록이 있거나 구멍이 뚫려 있는 회전체라도 간단히 구할 수 있는, 바움쿠헨 분할이라 불리는 적분 방법이 있다. 얇은 벨트 모양의 막(반죽)을 무수히 쌓아 만들어진 독일의 대표적인 과자 바움쿠헨은 오른쪽 그림과 같이 원기둥 중심에 구멍이 뚫려 있다.

오른쪽 그림과 같이 xy좌표 위에 바움쿠헨을 놓고 안쪽의 반지름을 a, 바깥쪽의 반지름을 b, 높이를 h라 해보자. 바움쿠헨의 가장 바깥쪽 면적, 즉 옆넓이는 원주에 높이를 곱하면 되므로 $2\pi x \times h$가 된다. 이 옆넓이가 a부터 b까지 겹쳐져 바움쿠헨의 부피 V가 된다고 생각하면,

$$V = \int_a^b 2\pi xh \, dx$$

로 나타낼 수 있다. 중요한 점은 '무 돌려깎기'처럼 회전체 축에 평행한 옆넓이를 적분한다는 것이다. 다음 쪽에서 이 개념을 응용하여 어려워 보이는 회전체의 부피를 간단히 구해보자.

바움쿠헨 분할이란

x축 둘레의 회전체

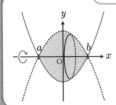

- x축에 수직인 단면의 원 : $S = \pi y^2$

- 회전체의 부피 : $V = \displaystyle\int_a^b \pi y^2 \, dx$

y축 둘레의 회전체

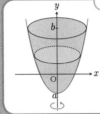

- y축에 수직인 단면의 원 : $S = \pi x^2$

- 회전체의 부피 : $V = \displaystyle\int_a^b \pi x^2 \, dy$

오목 · 볼록이 없는 단순한 회전체 외에는
다양한 경우(범위)로 나눌 필요가 있다

바움쿠헨 분할

회전축에 평행한 옆넓이로
적분한다

바움쿠헨

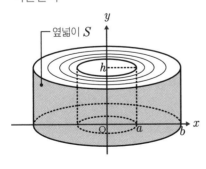

옆넓이 S는 〈원주〉×〈높이〉이므로

$$S = 2\pi x \times h$$

옆넓이 S를 a부터 b까지 적분한다

$$V = \int_a^b 2\pi x h \, dx$$

회전체의 부피 ④

편리한 바움쿠헨 분할

구멍이 뚫린 회전체도 바움쿠헨 분할로 간단히 구할 수 있다

앞쪽에서 바움쿠헨 분할의 개념에 대해 설명했다. 이는 회전체를 단면적으로 구하는 것이 아니라, 바움쿠헨처럼 회전축에 평행한 옆넓이를 적분함으로써 부피를 구하는 것이었다.

이번에는 오른쪽과 같은 희한한 형태를 띤 a부터 b까지의 범위 $f(x)$를 y축 둘레로 회전시킨다고 생각해보자. a부터 b까지 범위에서는 $0 \leqq f(x)$이다. 이 희한한 모양의 회전체를 바움쿠헨 분할하면 높이가 들쑥날쑥한 튜브형 막이 겹쳐져 부피가 구성된다고 볼 수 있다. 이때 바움쿠헨의 높이를 $f(x)$라 생각하면 각 반지름에서의 튜브형 막의 면적 S는 '원주' × '높이'이므로 $S = 2\pi x f(x)$로 나타낼 수 있다. 이를 적분하면 아래와 같다.

$$V = \int_a^b 2\pi x f(x) dx$$

이것이 바움쿠헨 분할의 적분 공식이다. 예를 들어 이차함수 $y = -x^2 + 4x - 3$을 y축 둘레로 회전시킨, $y \geqq 0$ 이상 부분의 도형의 부피를 구해보자.

$y = -x^2 + 4x - 3$은 꼭짓점 $(2, 1)$, $x = 1, 3$에서 x축과 만난다.

이 회전체는 오른쪽과 같이 바바루아(과일·우유·달걀·설탕·젤라틴 등으로 만든 프랑스의 디저트 과자─역자주) 같은 모양이다. 회전축에 수직인 단면으로 적분하는 것은 상당히 어려울 듯하지만, 바움쿠헨 분할의 경우 옆넓이 $S = 2\pi x f(x)$이고 x가 1부터 3인 범위에서 적분한다는 것만 생각하면 되므로,

$$V = \int_1^3 2\pi x f(x) dx = 2\pi \int_1^3 x(-x^2 + 4x - 3) dx$$

로 나타낼 수 있다. 따라서 계산하면 $V = \dfrac{16}{3}\pi$가 나온다.

바움쿠헨 분할로 부피를 구한다

바움쿠헨 분할의 적분 공식

그래프와 같은 $f(x)\,(a\leqq x\leqq b)$를 회전시킨다
$(a\leqq x\leqq b$에서 $0\leqq f(x))$

바움쿠헨 분할로 부피를 생각하면 튜브형 막의
면적 S는 높이가 $f(x)$에 해당하므로,

$$S=2\pi xf(x)$$

원주×높이

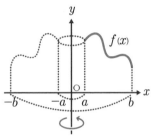

y축 둘레의 회전체를 바움쿠헨 분할한 부피는

$$V=\int_a^b 2\pi xf(x)dx$$

공식

바바루아 모양의 부피를 구한다

이차함수 $y=-x^2+4x-3$의 $y\geqq0$ 부분을
y축 둘레로 회전시킨 회전체의 부피를 구한다.

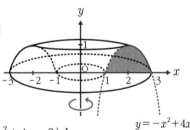

$$y=-x^2+4x-3$$

$$V=\int_1^3 2\pi xf(x)\,dx=2\pi\int_1^3 x(-x^2+4x-3)dx$$

$$=2\pi\int_1^3 (-x^3+4x^2-3x)dx=2\pi\left[-\frac{1}{4}x^4+\frac{4}{3}x^3-\frac{3}{2}x^2\right]_1^3$$

$$=2\pi\left\{\left(-\frac{1}{4}\times 3^4+\frac{4}{3}\times 3^3-\frac{3}{2}\times 3^2\right)-\left(-\frac{1}{4}+\frac{4}{3}-\frac{3}{2}\right)\right\}$$

분모로
묶는다

$$=\frac{1}{6}\pi\{(-243+16\times 27-18\times 9)-(-3+16-18)\}$$

$$=\frac{16}{3}\pi$$

일본 에도시대에도 원주율의 개념이 존재했다?

원주율 π는 원주의 길이와 그 지름의 비를 말하는데, 원주의 길이를 정확히 측정하기란 어렵다. 따라서 아르키메데스(BC 287경~BC 212)는 원의 바깥쪽과 안쪽에 접하는 정다각형을 만들고 이들의 변을 끝없이 작게 나누어 측정했다. 즉 바깥쪽과 안쪽의 정다각형 둘레의 길이를 적분하고 둘 사이의 값을 원주율(약 3.14)이라 부른 것이다. 이는 16세기에 접어들면서 15자리까지 정확히 계산할 수 있게 되었다.

일본에서는 에도시대(1603~1867년)에 '화산和算'이라 불리는 수학이 발전하여 꽤 정확하게 원주율을 계산할 수 있었다. 무라마쓰 시게키요村松茂清(1608~1695년)의 계산법도 아르키메데스와 비슷하다. 원에 내접하는 정다각형 둘레의 길이를 적분해 7자리까지 정확한 값을 도출했다. 무라마쓰의 방법을 계승한 세키 다카카즈關孝和(1640경~1708년)는 11자리, 그리고 그의 제자인 다케베 가타히로建部賢弘(1664~1739년)는 41자리까지 정확하게 계산했다. 다케베 가타히로는 오일러와 비슷한 방법으로 15년이나 앞서 원주율을 계산했다.

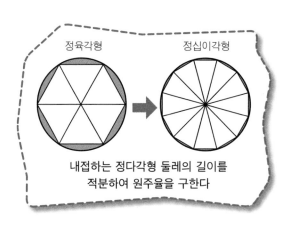

정육각형 정십이각형

내접하는 정다각형 둘레의 길이를
적분하여 원주율을 구한다

이처럼 일본에서 독자적으로 발전한 화산은 서당에서 사용되거나 화산의 한 유파인 택간류宅間流에서 근대 일본 지도의 기초를 닦은 측량사 이노 다다타카伊能忠敬를 배출하는 등 다방면에 큰 영향을 주었다.

부록

미분·적분을
더 쉽게 이해하는

미분 · 적분 중요 공식

이 책에서 해설한 미분 · 적분의 단골 공식과
이 책에서는 다루지 않았지만 계산에 도움이 되는 공식 및
참고가 될 공식을 정리했다.

이차방정식의 해

$ax^2 + bx + c = 0$을 풀면 $(a \neq 0)$

$$x = \frac{-b \mp \sqrt{b^2 - 4ac}}{2a} \quad (b^2 - 4ac \geqq 0)$$

일차함수

★ $y = ax + b$

삼각함수

★ $y = \sin x$

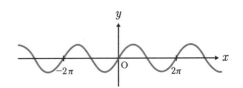

이차함수

★ $y = ax^2 + bx + c$

삼각함수

★ $y = \cos x$

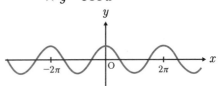

삼차함수

★ $y = ax^3 + bx^2 + cx + d$

지수함수

★ $y = a^x$

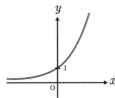

분수함수

★ $y = \dfrac{1}{x}$

대수함수

★ $y = \log x$

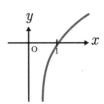

미분계수

$x=a$에서 $f(x)$의 미분계수 (접선의 기울기)

$$\bigstar \ f'(a)= \lim_{\Delta x \to 0} \frac{f(a+\Delta x)-f(a)}{\Delta x}$$

도함수

미분계수를 x의 함수로 만든 것

$$\bigstar \ f'(x)= \lim_{\Delta x \to 0} \frac{f(x+\Delta x)-f(x)}{\Delta x} = \lim_{\Delta x \to 0} \frac{\Delta y}{\Delta x}$$

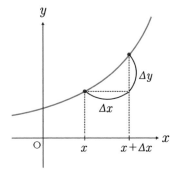

미분 기본 공식

$$\bigstar \ y'=f'(x)= \frac{dy}{dx} = \frac{d}{dx}f(x)$$

n차함수의 미분

★ $(a)' = 0$ (a : 상수)

★ $(x^n)' = nx^{n-1}$

> 예| $(10)' = 0$, $(x)' = 1$, $(x^2)' = 2x$, $(x^3)' = 3x^2$

도함수의 성질 ①

★ $(af(x))' = af'(x)$ (a : 상수)

★ $(f(x) \pm g(x))' = f'(x) \pm g'(x)$

> 예| $(-2f(x) + 5g(x))' = -2f'(x) + 5g'(x)$

도함수의 성질 ② 적의 미분 등

★ $(f(x)g(x))' = f'(x)g(x) + f(x)g'(x)$

★ $(f(x)g(x)h(x))'$
   $= f'(x)g(x)h(x) + f(x)g'(x)h(x) + f(x)g(x)h'(x)$

★ $\left(\dfrac{1}{f(x)} \right)' = -\dfrac{f'(x)}{f(x)^2}$

> 예| $\{ (x^2-1)(-2x+3) \}'$
> $= 2x(-2x+3) + (x^2-1) \times (-2)$
> $= -6x^2 + 6x + 2$

$y = f(t)$, $t = g(x)$일 때 y를 x로 미분하면,

★ $$\frac{dy}{dx} = \frac{dy}{dt} \cdot \frac{dt}{dx}$$

예

$y = \left(\dfrac{1}{2} x^2 - 4x - 7 \right)^5$ 을 미분할 때

$t = \dfrac{1}{2} x^2 - 4x - 7$ 로 놓고 $y = t^5$로 생각하면,

$$y' = \frac{dy}{dt} \cdot \frac{dt}{dx} = 5t^4 \cdot (x-4)$$
$$= 5 \left(\frac{1}{2} x^2 - 4x - 7 \right)^4 (x-4)$$

참고

삼각함수의 미분

★ $(\sin x)' = \cos x$

★ $(\cos x)' = -\sin x$

★ $(\tan x)' = \dfrac{1}{\cos^2 x}$

지수 · 대수함수의 미분

★ $(a^x)' = a^x \log a$ $(a : 상수)$

★ $(e^x)' = e^x$ $(e :$ 자연대수의 밑$)$

★ $(\log x)' = \dfrac{1}{x}$

적분 기본 공식

부정적분

$F'(x)=f(x)$일 때

★ $\displaystyle\int f(x)\,dx = F(x) + C$

             원시함수   적분상수

n차함수의 적분

★ $\displaystyle\int a\,dx = ax + C$ (a : 상수)

★ $\displaystyle\int x^n\,dx = \frac{1}{n+1}x^{n+1} + C$

예

$$\int 7\,dx = 7x + C$$

$$\int x\,dx = \frac{1}{2}x^2 + C$$

$$\int x^2\,dx = \frac{1}{3}x^3 + C$$

적분 기본 공식

부정적분의 성질 ①

★ $\displaystyle\int af(x)\,dx = a\int f(x)\,dx$

★ $\displaystyle\int \{f(x)\pm g(x)\}\,dx = \int f(x)\,dx \pm \int g(x)\,dx$

> 예 $\displaystyle\int (-6x^2+2x+1)\,dx = -2x^3+x^2+x+C$

부정적분의 성질 ② 치환적분

$x=g(t)$일 때

★ $\displaystyle\int f(x)\,dx = \int f(x)\frac{dx}{dt}\,dt = \int f(g(t))g'(t)\,dx$

부정적분의 성질 ③ 부분적분

$G'(x)=g(x)$일 때

★ $\displaystyle\int f(x)g(x)\,dx = f(x)G(x) - \int f'(x)G(x)\,dx$

참고   삼각함수의 적분

$$\star \int \sin x \, dx = -\cos x + C$$

$$\star \int \cos x \, dx = \sin x + C$$

$$\star \int \tan x \, dx = -\log |\cos x| + C$$

지수 · 대수함수의 적분

$$\int \frac{1}{x} \, dx = \log |x| + C \quad (a : 상수)$$

$$\int e^x \, dx = e^x + C \quad (e : 자연대수의 밑)$$

$$\int a^x \, dx = \frac{a^x}{\log a} + C$$

정적분   미적분학의 기본정리

$F'(x) = f(x)$일 때

$$\star \int_a^b f(x) \, dx = \left[F(x) \right]_a^b = F(b) - F(a)$$

적분 기본 공식

※부정적분과 성질은 같다

정적분의 성질①

★ $\displaystyle\int_a^b f(x)\,dx = -\int_b^a f(x)\,dx$

$f(x)$가 우함수일 때,

★ $\displaystyle\int_{-a}^a f(x)\,dx = 2\int_0^a f(x)\,dx$

$f(x)$가 기함수일 때,

★ $\displaystyle\int_{-a}^a f(x)\,dx = 0$

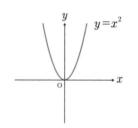

우함수: $f(-x)=f(x)$가
되는 좌우대칭 함수

y

$y=x^2$

O

x

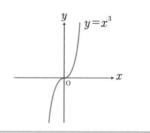

기함수: $f(-x)=-f(x)$가
되는 점대칭 함수

y

$y=x^3$

O

x

정적분의 성질②

$f(t)$에 x는 포함하지 않고 $x>a$일 때,

★ $\dfrac{d}{dx}\displaystyle\int_a^x f(t)\,dt = f(x)$

적분 기본 공식

정적분의 성질③ 이차함수의 계산

★ $\displaystyle\int_{\alpha}^{\beta} (x-\alpha)(x-\beta)\,dx = -\frac{1}{6}(\beta-\alpha)^3$

정적분에 의한 면적 계산방법 ① 곡선과 x축에 둘러싸인 면적

$a \leq x \leq b$에서 $f(x) \geq 0$일 때,

★ $\displaystyle\int_{a}^{b} |f(x)|\,dx = [F(x)]_{a}^{b} = F(b) - F(a)$

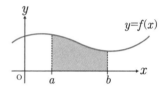

$a \leq x \leq c$에서 $f(x) \geq 0$, $c \leq x \leq b$에서 $f(x) \leq 0$일 때,

★ $\displaystyle\int_{a}^{b} |f(x)|\,dx = \int_{a}^{c} f(x)\,dx + \left(-\int_{c}^{b} f(x)\,dx\right)$

$\qquad = [F(x)]_{a}^{c} - [F(x)]_{c}^{b}$

$\qquad = F(c) - F(a) - (F(b) - F(c))$

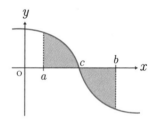

정적분에 의한 면적 계산방법 ② 두 곡선에 둘러싸인 면적

$a \leq x \leq b$에서 $f(x) \geq g(x)$일 때,

★ $\displaystyle\int_{a}^{b} |f(x)-g(x)|\,dx = \int_{a}^{b} \{f(x)-g(x)\}\,dx$

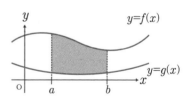

$a \leq x \leq c$에서 $f(x) \geq g(x)$, $c \leq x \leq b$에서 $f(x) \leq g(x)$일 때,

★ $\displaystyle\int_{a}^{b} |f(x)-g(x)|\,dx$

$\qquad = \displaystyle\int_{a}^{c} \{f(x)-g(x)\}\,dx + = \int_{c}^{b} \{g(x)-f(x)\}\,dx$

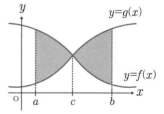

정적분에 의한 부피 계산방법 ① 입체의 부피

$a \leqq x \leqq b$에서 입체의 단면적을 $S(x)$로 나타낼 때,

★ $V = \displaystyle\int_a^b S(x)\,dx$

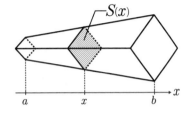

정적분에 의한 부피 계산방법 ② 회전체의 부피

• x축 둘레의 회전체

$a \leqq x \leqq b$에서 $f(x)$를 x축 둘레로 회전시켰을 때 생기는 회전체의 부피

★ $V = \displaystyle\int_a^b \pi f(x)^2\,dx$

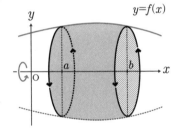

• y축 둘레의 회전체

$a \leqq x \leqq b$에서 $g(y)$를 y축 둘레로 회전시켰을 때 생기는 회전체의 부피

★ $V = \displaystyle\int_a^b \pi g(y)^2\,dy$

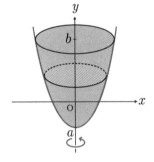

• 바움쿠헨 분할

$a \leqq x \leqq b$에서 $f(x)$를 y축 둘레로 회전시켰을 때 생기는 회전체의 부피

★ $V = \displaystyle\int_a^b 2\pi x f(x)\,dx$

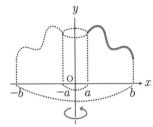

이차함수 $y=x^2$은 (2, 4)를 지난다. 이 점에서의 접선은 $f'(2)=2 \times 2=4$에 따라 기울기가 4이며, 접선은 (2, 4)를 지나므로 $y=4x-4$가 된다.

그렇다면 컴퓨터의 표 계산 프로그램 〈엑셀〉을 사용해 이 곡선과 접선에 대한 그래프를 손쉽게 만들어보자. 아래 그림과 같이 함수의 수치를 세로로 입력한다. 우선 x의 값을 0부터 4까지 변화시킨다. 완만한 선이 그려지도록 값을 0.1씩 늘려 '0, 0.1, ……'라 입력한다(자동채우기 기능을 이용해 복사하는 것도 편리하다). 다음에는 이차함수 $y=x^2$의 수치를 입력한다. 셀 안에 'A2 ^ 2'을 입력하고 자동채우기로 계산식을 복사하면 '0, 0.01, ……'이 된다. 마찬가지로 접선 $y=4x-4$에 대해 셀 안에 '=4*A2-4'를 입력하고 자동채우기를 이용해 복사하면 '-4, -3.6, ……'이 된다.

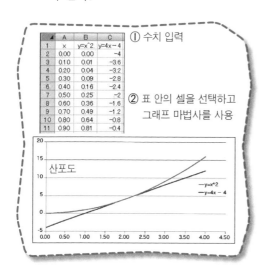

이들 셀에 입력된 수치를 바탕으로 그래프 마법사를 실행시켜 산포도$^{\text{Scatter Diagram}}$(선 그래프)를 만들면 그림과 같이 된다. 그래프로 만들면 함수나 접선의 정확한 모양을 일목요연하게 알 수 있고 이해도 쉽다. 더 복잡한 계산식도 그래프로 만들 수 있으므로 작성해보면 이해도 쉽고 재미있다.

찾아 보기

『Excelでわかる数学の基礎 [新版]』
　　酒井 恒 著 / 2008 / 日本理工出版会
『これはすごい！ 数学が使える人の問題解決法』
　　柳谷 晃 著 / 2005 / 丸善
『これ以上やさしく書けない微分・積分』
　　小林 吹代 著 / 2006 / PHP研究所
『ズバリ図解 微分積分』
　　微分積分プロジェクト 著 / 2007 / ぶんか社
『ゼロからわかる微分・積分』
　　深川 和久 著 / 2006 / ベレ出版
　　　　『パラドックス！』
　　林 晋 著 / 2000 / 日本評論社
『やさしく学べる微分積分』
　　石村 園子 著 / 1999 / 共立出版
『雑学読本NHK天気質問箱』
　　平井 信行 著 / 2001 / 日本放送出版協会
『身近な数学の歴史』
　　船山 良三 著 / 1991 / 東洋書店
『図解雑学 わかる微分・積分』
　　今野 紀雄 監 / 1998 / ナツメ社
『世界一やさしい金融工学の本です』
　　田渕 直也 著 / 2007 / 日本実業出版社
『微分・積分がかんたんにマスターできる本』
　　間地 秀三 著 / 2008 / 明日香出版社
『微分・積分のしくみ』
　　岡部 恒治 著 / 1999 / 日本実業出版社
『微分と積分 超入門』
　　平野 葉一 著 / 2001 / 日本実業出版社
『微分積分はわかるとおもしろい』
　　野口 哲典 著 / 2004 / オーエス出版
『復刻版ギリシア数学史』
　　T・L・ヒース 著 / 平田 寛・菊池 俊彦・大沼 正則 訳 / 1998 / 共立出版
『物理と数学の不思議な関係』
　　マルコム・E・ラインズ 著 / 青木 薫 訳 / 2004 / 早川書房
『忘れてしまった高校の微分積分を復習する本』
　　浅見 尚 著 / 2003 / 中経出版
『面白いほどよくわかる微分積分』
　　大上 丈彦 監 / 2004 / 日本文芸社
『和算の驚き』
　　小山 信 著 / 2005 / 新生出版